中国畜牧业保险的
微观效果与政策优化研究
——以生猪为例

鞠光伟　陈印军　著

中国农业科学技术出版社

图书在版编目(CIP)数据

中国畜牧业保险的微观效果与政策优化研究——以生猪为例 /
鞠光伟,陈印军著 . —北京:中国农业科学技术出版社,2018.5
ISBN 978-7-5116-3657-7

Ⅰ.①中⋯　Ⅱ.①鞠⋯②陈⋯　Ⅲ.①畜牧业–保险–研究–中国
Ⅳ.①F842.66

中国版本图书馆 CIP 数据核字(2018)第 089557 号

责任编辑	徐　毅
责任校对	贾海霞

出 版 者	中国农业科学技术出版社
	北京市中关村南大街 12 号　邮编:100081
电　　话	(010) 82106631 (编辑室)　(010) 82109702 (发行部)
	(010) 82109709 (读者服务部)
传　　真	(010) 82106631
网　　址	http://www.castp.cn
经 销 者	各地新华书店
印 刷 者	北京富泰印刷有限责任公司
开　　本	710mm×1 000mm　1/16
印　　张	10
字　　数	160 千字
版　　次	2018 年 5 月第 1 版　2018 年 5 月第 1 次印刷
定　　价	30.00 元

《中国畜牧业保险的微观效果与政策优化研究
——以生猪为例》

著 者 名 单

主著人员：鞠光伟　　陈印军

参著人员：郇彦宁　　高　雷　　展进涛　　易小燕

内容简介

本书在系统回顾与总结国内外农业保险相关政策的基础上，以 428 个养殖户为研究对象，运用 Logit 模型，分析了养殖户对政策性畜牧业保险和生猪目标价格保险的参保意愿、参保行为的影响因素。通过对养殖户和保险公司的调查数据，运用 Probit 模型以及交叉分析法，分析了政策性畜牧业保险实施过程中的道德风险和逆向选择问题。通过对农产品价格指数保险试点地区的调研，分析提出了生猪目标价格保险在目标价格确定、保险期限设计、巨灾风险分散机制建立、政府财政补贴等方面存在的一系列问题。在综合分析研究的基础上，提出了完善生猪目标价格保险相关条款、健全市场价格监测体系、建立巨灾风险保障体系、逐步完善保费补贴手段等建议。

关键词：畜牧业保险；养殖风险；目标价格保险；道德风险

前　言

　　畜牧业保险是保障养殖业发展的一种有效的风险管理工具。我国于2007年开始对畜牧业保险进行政策性保费补贴。政策性畜牧业保险为降低养殖户风险提供了重要保障，但仍然存在着保障水平单一、养殖户参保率低、道德风险和逆向选择行为等问题，并且现行的政策性畜牧业保险承保的是牲畜因死亡而造成的损失，在保障市场波动风险方面有局限性。我国部分地区已陆续开展生猪目标价格保险试点，但试点地区及规模还非常有限，不能满足广大养殖户投保的需求，加之生猪市场波动的周期性，导致养殖户在投保时有严重的逆向选择行为。

　　基于当前政策性畜牧业保险中存在的问题，本书在系统回顾与总结国内外农业保险相关文献的基础上，对影响养殖户参保意愿的决策因素、存在的道德风险与逆向选择问题进行了实证分析；通过对我国部分已试点价格指数保险地区的调研分析，提出我国推行生猪目标价格保险的可行性及实施障碍，并提出政策建议，对我国现行政策性畜牧业保险进行补充和政策优化。

　　本书共分八章。第一章"引言"：主要包括研究背景与意义，研究目标与研究内容，技术路线与研究数据来源、可能的创新和难点等。根据我国已实施的政策性畜牧业保险为研究背景，总结我国政策性畜牧业保险的发展现状及存在的问题，分析影响养殖户投保意愿和投保行为的因素，实证检验政策性畜牧业保险实施过程中的道德风险问题，提出解决问题的政策建议，这是本研究的主要内容。在畜牧业发展新形势下，以实现畜牧产业平稳发展为目的，以平抑畜产品市场价格波动、稳定养殖户收益为主要目标，通过实地调研，探讨分析并提出实施生猪目标价格保险的可行性与政策建议。第二章"文献综述"：对有关政策性农业保险的理论、研究进展及发展现状进行概括与分析，主要包括国内外政策性农业保险及政策性畜牧业保险的实施现状及研究现状，对比我国与国外发达国家在实施政策性农业保险方面的差距。评述了国内外生猪目标价格的研究现状与实施现状。第三章"中国生猪业保险的发展演化及国际比较分析"：通过分析我国畜牧养殖业尤其是生猪养殖业在我国经济发展与保持社会稳定中的重要作用，提出我国实施政策性畜牧业保险的重要性和必要性。回顾了我国从新中国建立至今政策性农业保险的发展历程以及各个阶段的发展重点，重点回顾了 2007 至今我国政策性畜牧业保险的提出及不断完善的历程。通过比较分析美国、加拿大、日本等发达国家的政策性畜牧业保险，找出我国在政策性畜牧业保险方面存在的差距，得出对我国发展政策性畜牧业保险的启示。第四章"养殖户生猪保险参保意愿和行为的影响因素分析"：通过对四川、江苏、河南等省的实地调研，构建分析影响养殖户投保意愿和投保行为的计量经济模型，对养殖户的样本特征与是否购买保险的相关性作出详细的说明与描述性分析。采用多元 logit 模型对影响养殖户投保行为的决策因素进行实证分析与研究探讨，并根据研究结果提出对应的政策建议，为提高养殖户参保率提供实证与理论依据。第五章"生猪保险实施过程中的道德风险问题实证分析"：通过对调研地区的数据进行整理分析，实证检验在政策性畜牧业保险实施过程中存在的道德风险问题。重点检验政策性畜牧业保险实施过程中因信息不对称存在的不足额投保问题、投保后疫病防治强度减弱、不主动改善基础设计条件等方面的问题，分析存在道德风险问题的原因，并提出相关政策建议。第六章"生猪养殖风险、价格波动与畜牧业保险政策优化"：我国畜牧业养殖的发展趋势是适度规模化养殖，通过分析传统养殖和适度规模化养殖存在的风险类别以及风险危害的程度等级，提出规模化养殖模式下传统养殖风险类型已发生转移。回顾近年来我国生猪市场价格波动情况及价格波动带来的相关影响，分析影响生猪市场价格波动的主要原因，评价政府现行调控制度在抑制生猪市场价格波动方面的有效性、我国现行政策性畜牧业保险在平抑生猪市场价格波动方面的局限性，提出对现行的政策性畜牧业保险进行品种多样化扩充和保险政策优化。第七章"实施生猪目标价格保险的实证分析"：基于对上海蔬菜价格指数保险，北京、四川、山东等省市的生猪目标价格保险以及山东省的牛奶价格指数保险的实地调研数据，借鉴美国、加拿大等国的牲畜目标价格保险和收益保险的经验，依据对政府部门、保险机构和养殖户的座谈讨论，总结分析我国实施生猪目标价格的可行性。根据我国已推行的目标价格保险试点，分析实施过程中存在的问题，并提出相关制度建议，为国家制定生猪目标价格保险制度提供参考。第八章"研究结论与政策建议"：本部分为全文总结，根据实证分析和理论分析的相关结果，对完善我国政策性畜牧业保险和实施生猪目标价格保险提出政策建议。本研究以我国几个主要的生猪养殖地区四川、河南、山东、江苏等省的全国生猪调出大县的不同养殖规模的生猪养殖户为实证研究对象，研究结果具有一定的现实意义，可以为我国政策性畜牧业保险的发展与政策优化，提供实践借鉴。

本书以鞠光伟的博士研究生论文为基础经修改调整而来，指导导师陈印军研究员。在研究思路与论文框架制定过程中得到了刘旭院士、王济民研究员、龙文军研究员、王秀东研究员、尹昌斌研究员、展进涛副教授、高雷副研究员、易小燕副研究员、郇彦宁老师等的指导；在实地调研过程中得到了龙文军研究员、陈艳丽副研究员、王慧敏副研究员的指导和帮助；张燕媛博士在基层调研和数据分析过程中给予了很多帮助；张富同志在帮助落实调研地点、协调调研日程等方面给予了大力帮助；马秋颖、王佳新、金宇、朱婷婷、吴佩、岳静伟等几位研究生同赴基层调研；李然嫣、王琦琪参加了部分数据的处理。对此，深表感谢！

本书只是以生猪为例，基于所调查的区域对"中国畜牧业保险的微观效果与政策优化"开展的初步研究。由于所掌握的资料有限，同时，受作者认识水平所限，本书难免存在不足之处，期待有关专家、学者提出宝贵意见。

著　者
2018 年 1 月于中国农业科学院

目　　录

第一章 引 言

畜牧业是农业的重要组成部分，它的发达程度是衡量农业现代化程度的重要标志。改革开放以前，受粮食短缺和计划经济的影响，畜牧养殖仅作为家庭副业的一部分，发展长期停滞，其产值也仅占农业总产值的 15% 左右（中国养殖业可持续发展战略研究项目组，2013）。改革开放以后，国家大力扶植畜牧产业，养殖规模迅速扩大，产业水平稳步提高，畜牧产品供应也日益丰富，畜牧产业在国民经济的地位也持续上升。2007 年以来，我国以发展现代畜牧业、促进养殖业发展方式转变为目标，探索保障畜牧业可持续发展的长效机制，不断加大对畜牧产业的支持力度，加强政府宏观调控，陆续实施了畜牧良种补贴、能繁母猪补贴、全国生猪调出大县补贴、生猪无害化处理补贴、奶牛优质后备母牛补贴、标准化规模养殖场（小区）补贴以及政策性畜牧业保险保费补贴等政策，畜牧养殖规模化、标准化程度逐步提高。我国畜牧养殖逐步由散养、小规模的传统养殖方式向以规模化、标准化、集约化为标志的现代畜牧业转型。改革开放以来我国畜牧养殖取得的一系列成就，改变了我国畜产品长期短缺的局面，有效保障了市场供给；提升了城乡居民营养水平和身体素质；带动了畜牧业产业链的发展，促进了养殖户增收；并且畜牧养殖业最早从计划经济体制的束缚中解放出来，率先实行了市场化改革，引领了农业产业制度变迁。

但是，我们也应该看到，我国的畜牧养殖仍以粗放经营、散养为主，综合生产能力较低，这些大比例、小规模及散养的养殖群体，很多仍停留沿用传统的养殖方式。大多数散养户基础设施差，饲养管理粗放，养殖环境恶劣。部分规模化程度较高的养殖场也存在着设施配套不完善、环保措施落后等诸多问题。在支撑体系方面，疫病防治、重大疫病及新型疫病诊断、防治手段和设备落后等情况普遍，还存在信息化体系不完善，市场及政策信息不畅通等问题。这些现状与养殖过程中存在的自然风险、疫病风险及市场风险等给我国广大畜牧业生产者带来了巨大的损失，虽然在风险发生后政府也会给予一定的经济补偿，但大部分损失仍由养殖户自身承担，加之近年来畜产品市场价格波动频繁且不规律性逐渐加大，这严重损害了养殖户的养殖利益。因此，如何降低生产过程中各类风险的影响，保障养殖户的收益，维护社会稳定，是目前我国畜牧产业可持续发展过程中亟待解决的问题。

一、研究背景与意义

农业保险作为保障农业生产的一种风险管理工具，由于在国际上符合 WTO 绿箱规则，使得学术界和政府部门关注较大。而畜牧业保险作为一种促进畜牧业稳定发展、保障养殖户收入的手段也越来越受到重视。自 2004—2015 年的 10 年里（2011 年除外），中央一号文件中都涉及政策性农业保险，2015 年，一号文件中提出了"积极开展农产品价格保险试点"。从 2007 年起，中央财政对畜牧业保险提供政策性保费补贴，并在多地试点推广。根据统计，2013 年共承保家畜 1.21 亿头，收取保费 49.18 亿元，比 2008 年分别增长 72.7%、45.1%，支付赔款 32.25 亿元，255.53 万养殖户获得保险赔付，户均获得赔款 1 262.08 元①。政策性畜牧业保险赔付增强了养殖户恢复生产的能力，为养殖户增收致富撑起了"保护伞"。当前我国畜牧业保险主要有两种形式：保障生产风险（死亡风险）的政策性畜牧业保险和保障市场风险（价格风险）的畜牧业保险。

与此同时，政策性畜牧业保险在实践中也暴露出许多问题。

第一，养殖户对保险的参与程度还不高。一方面，养殖户风险意识薄弱，对保险的认知程度不高。不少养殖户尤其是散养户常常

---

① 数据来源：中国农业保险统计年鉴，2014

凭经验养殖，侥幸心理严重，对政策性畜牧业保险的保障作用缺乏必要的了解，有的养殖户对保险的认识与理解有较大的排斥性，不愿参加畜牧业保险。另一方面，保险品种缺乏，保障水平单一。当前推行的主要是保重大疫病及自然灾害导致牲畜死亡的政策性畜牧业保险，保障市场波动风险的保险品种缺乏。保险的保障金额与牲畜实际价值差距还比较大，发生风险后的赔偿力度不够，这对养殖场户参保的积极性有较大影响。

第二，道德风险和逆向选择问题还比较严重，政策性畜牧业保险道德风险和逆向选择防范难度较大。一方面，引发养殖户道德风险的因素比较多。例如，由于肉、奶的市场价格波动频繁且波动范围较大，投保牲畜的价值有时会比保险公司规定的保额要低，加之牲畜有自然淘汰的需要，因此，养殖户会发生杀死牲畜骗保的现象。另一方面，如何确定投保牲畜和投保牲畜的死亡原因困难较大。目前，绝大多数是依靠给投保牲畜佩戴的耳标来确定的，但由于各种原因养殖户并不十分乐意给牲畜佩戴，并且保险公司没有专业的畜牧兽医人员，因此，在确定牲畜的死亡原因时就比较困难，不能确定是否是在保险条款规定的死亡原因内。这几个因素就导致了目前存在较高的逆向选择和道德风险比率。养殖户对于自己的养殖情况最为了解，知道养殖风险是高是低。如果养殖户认为处于高养殖风险中，他会选择投保，反之不投保。而保险机构由于不能或很难准确掌握养殖户全部信息，不能对投保养殖户投保提出区别要求，因此，会有逆选择情况出现。

第三，当前我国地区间政策性畜牧业保险的发展极为不平衡。当前，政策性畜牧业保险已在全国推广，各地也自身结合实际自行开发其他保险品种。在保险品种上，国家最早对能繁母猪和奶牛进行保费补贴，在全国大部分省区试点推广，进而才开始对育肥猪开展保费补贴，开始时试点范围也有限，如 2012 年江西省仅在吉安县、上高县开展育肥猪政策性保险试点。2013 年来，一些地方还试探性地开展了生猪目标价格保险及牛奶目标价格保险，也均取得了不错的效果。

基于此，本研究主要回答以下几个方面的问题。

（1）当前养殖户对不同类型畜牧业保险（保生产风险为主和保市场风险为主）的需求特点及其影响因素有哪些？试点地区养殖户参保行为及其影响因素有哪些？如何优化制度设计来提高养殖户的参保积极性？

（2）从理论和实践两方面看，参加畜牧业保险是否会产生道德风险的问题？如何有效避免这些问题？

（3）若在我国试点开展畜牧业目标价格保险，是否具有可行性，会遇到哪些障碍？

二、研究目标与研究内容

（一）研究目标

借鉴国内外政策性农业保险研究现状与发展经验，论文结合风险管理学、经济学与保险学等多学科知识，通过构建计量经济学与统计学等方法对我国政策性畜牧业保险开展的实际情况进行理论与实证分析。通过了解我国政策性畜牧业保险现状，分析影响养殖户对政策性畜牧业保险的需求及影响其购买保险的决策因素，理论分析并实证检验养殖户参加畜牧业保险过程中产生的道德风险和逆向选择的问题，对我国试点实施生猪目标价格保险的可行性进行分析，对我国政策性畜牧业保险的发展提出政策建议，实现促进我国政策性畜牧业保险持续稳定发展、保障畜产品有效供给的目标：

目标一：国内外政策性畜牧业保险政策比对研究。总结国外与国内政策性畜牧业保险实施现状，比较之间的差异。

目标二：探讨养殖户对畜牧业保险的需求和参保行为的影响因素。基于效用最大化理论，运用计量经济学、风险管理学、福利经济学等相关理论与分析方法建立 Logit 模型，结合对养殖户的实地调研，实证分析影响我国养殖户的畜牧业保险参保决策因素。

目标三：分析政策性畜牧业保险实施过程中的道德风险问题和

逆向选择问题。利用保险试点地区养殖户调查数据，分析政策性畜牧业保险对农户养殖行为和"不足额投保"的影响，以检验养殖户在信息不对称的情境下，是否存在减少疫病防控要素投入和少报标的生物的出栏量的道德风险行为。

目标四：分析生猪目标价格保险的可行性及实施障碍。从国内外已有畜牧业目标价格保险的实践探索、生猪规模化养殖主体的保险需求、政府价格调控政策创新、保险公司经营农险经验、生猪价格和猪粮比价等时间序列数据的可获得性等方面，分析我国实施生猪目标价格保险的可行性。进而从科学设计保险方案难度大、发生巨灾风险概率高、财政补贴压力大、规模养殖化程度低、价格监测成本高等方面，探讨实施生猪目标价格保险存在的问题。

(二) 研究内容

本研究计划在调查了解我国政策性畜牧业保险发展现状的基础上，第一，总结国外与国内政策性畜牧业保险实施现状，比较之间的差异；第二，探讨养殖户对畜牧业保险的需求和参保行为的影响因素；第三，理论分析并实证检验政策性畜牧业保险实施过程中的道德风险问题；第四，通过对生猪目标价格保险试点地区的调研，探讨实施生猪目标价格保险的可行性及实施障碍，并提出意见建议。结合本文的研究目标，本研究的主要内容如下。

1. 各国畜牧业保险政策取向及动因分析

全面总结现阶段我国政策性畜牧业、目标价格保险取得的发展经验，通过对美国、加拿大、日本、韩国、蒙古国等国畜牧业保险相关资料的搜集与整理，在全面梳理目前各国畜牧业保险制度的基础上，将部分典型国家的畜牧业保险计划与我国畜牧业保险的发展实际进行比对分析，并从社会、经济与文化等角度探寻出其内在动因，为我国畜牧业保险政策的修订和调整提供借鉴。

我国自 2007 年起试点能繁母猪、奶牛等政策性畜牧业保险，随后又开展育肥猪保险。经过 8 年的探索实践，各省基本形成了一套较为完善的政策性农业保险管理体系，为进一步开展目标价格保险开展提供了经验借鉴；通过对美国、加拿大等国家畜牧业目标价格保险的分析，在借鉴国外目标价格保险、收益保险先进经验的基础上，对我国实行目标价格保险的运行机制、政策扶持机制、运行模式等进行深入研究。

2. 考察养殖户对畜牧业保险的需求和参保行为的影响因素

畜牧业保险与其他农业保险一样，都具有准公共物品的属性，同时，具有高风险、高赔付的特征。因此，畜牧业保险的开展必须由三方主体支持：政府、保险公司、养殖户。同时，政策性畜牧业保险与其他农业保险之间也存在差异，了解其需求的特殊性有助于提高保险覆盖率。

从各国畜牧业保险的实施方式来看，当前畜牧业保险的类型主要有两种：保养殖风险为主（自然灾害、疫病、突发事故等造成的牲畜死亡）的畜牧业保险和保市场风险为主的畜牧业保险。以上两种类型针对不同的风险而设定，而我国养殖户对于以上两种保险的需求如何有待研究。本文主要采用 Logit 模型来考察养殖户对畜牧业保险需求的影响因素。在对于模型指标的选取上，养殖户社会经济特征变量主要包括养殖户的年龄、文化程度、是否有人外出务工、年人均收入水平等；养殖风险因素和保险认知变量主要包括养殖年限、养殖规模、补栏方式、出售形式、养殖收入占家庭总收入的比重、近 3 年疫病造成的平均损失率等；意识及态度因素主要包括是否购买其他保险、保险认知程度、保险信任度等。选取养殖户畜牧业保险需求作为因变量。

进一步的，当前在部分地区已经开始某一类型的畜牧业保险的试点工作，因此，考察试点地区养殖户的参保行为及其影响因素对于政策性畜牧业保险的顺利实施有重要作用。在市场经济条件下，养殖者皆为理性经济人。如果不考虑风险偏好，养殖户是否购买政策性畜牧业保险的一个关键原因在于保险所能带来预期利润。而在考虑养殖户风险偏好的情况下，养殖户是否购买畜牧业保险则是通过对预期利润与保费投入成本进行比较的结果，即养殖户会依据政策性畜牧业保险带来的预期利益来进行决策是否购买保险。由于在该效用计算过程中包含了养殖户的风险偏好信息，因此，与不考虑风险偏好的情况下有很大的不同。此外，养殖户最终是否购买政策性畜牧业保险还会依据养殖户自身的经济水平、养殖规模、风险意识等多种因素来最终决定，以达到投保后能产生预期效用最大化的目标。

3. 分析政策性畜牧业保险实施过程中的道德风险问题

利用政策性畜牧业保险试点地区农养殖户调查数据，分析政策性畜牧业保险对养殖行为和"不足额投保"的影响，以检验养殖户在信息不对称的情境下，是否存在减少疫病防控要素投入和少报标的生物的出栏量的道德风险行为。

农业保险的市场失灵问题是保险最为重要的一个研究方向。目前来看，农业的系统性风险以及信息不对称问题是造成农业保险市场失灵的一个非常重要的原因。在农业保险的实施过程中，信息不对称会造成投保人的逆向选择和道德风险问题。在保险签约之前，由于投保人更了解自己的实际情况而保险人却无法准确掌握，由此会产生高风险水平的投保人进入保险市场，这就是逆向选择；在保险签约即投保人参保以后，由于其缴纳了保费，因此，可能会降低其原来的投入品付出或发生风险时隐瞒风险的实际情况，从而造成保险人增加赔付损失，这就是道德风险。

在政策性畜牧业中，道德风险和逆向选择主要包括养殖户在投保前由于信息不对称而可能造成的不足额投保问题以及投保后可能会降低对投保牲畜的卫生防疫水平，或以未投保牲畜冒充投保牲畜，使损失发生的概率上升，加大保险公司的赔付损失，降低保险公司的供给意愿。因而研究养殖户在政策性畜牧业保险实施过程中是否存在上述道德风险和逆向选择问题，对完善我国政策性畜牧业保险制度、促进其进一步发展具有重要的理论意义和现实意义。

4. 分析实施生猪目标价格保险的可行性及政策建议

近几年来生猪价格大起大落的"猪周期"现象不断重复，直接影响生猪养殖业的持续健康发展。生猪价格波动具有系统性，不仅受畜禽疫病、生产成本等因素影响，而且受其他畜禽替代品价格的影响，调控难度较大。2014年中央一号文件提出"探索粮食、生猪等农产品目标价格保险试点"。完善生猪价格调控机制，探索目标价格保险制度，对保障养殖户利益，促进生猪养殖健康发展，稳定生猪价格具有重要意义。

从当前生猪价格波动特征入手，分析现行价格调控措施及其局限性，系统研究生猪目标价格保险制度。结合北京、山东、四川等省市政府部门，保险公司、生猪养殖主体的访谈调研，总结现有生猪目标价格保险的经验做法，探析存在的问题，探讨生猪目标价格保险方案，为促进生猪目标价格保险的顺利开展提供政策建议。

（三）数据来源

本研究使用的材料与数据主要来自2个方面。

1. 实地调研数据

对北京、四川、河南、江苏等省市政策性畜牧业保险试点地区和畜牧养殖业较为发达的地区展开实地调研，搜集一手数据。四川、河南、江苏等省均为我国猪肉十大主产区之一，其中，四川省生猪出栏数、年存栏猪头数、猪肉总产量及能繁母猪存栏量常年居全国第一，出栏量占全国出栏总量的近10%，河南、江苏等省生猪养殖规模化程度较高，对于规模养殖户具有代表性，北京、四川等省市在生猪目标价格保险试点上走在全国的前列，具有重要的借鉴意义。对养殖户的调研主要分为3个部分。

（1）关于养殖户的基本情况，包括年龄、性别、学历、是否党员、是否村干部、家庭总人口、家庭劳动力数量、家庭总收入、养殖规模、兼业类别、是否科技示范户、是否加入合作社等。

（2）生猪养殖的基本情况，包括生猪年出栏数量、存栏数量、能繁母猪养殖数量、生猪年死亡量、养殖场占地面积、每头生猪养殖成本、是否贷款养殖、是否与公司签订收购合同等。

（3）生猪保险认知及购买情况，包括对保险的了解程度、是否乐意购买保险、购买保险后的满意程度、对保险保障的认知程度等。

2. 统计数据

统计数据主要来自于《中国畜牧业年鉴》《中国保险年鉴》《中国农村统计年鉴》《中国统计年鉴》以及国家发展和改革委员会、农业部、国家统计局与试点活动地区等公开发布的数据等。

三、研究方法与技术路线

（一）研究方法

本研究涉及的研究方法主要有如下内容。

1. 问卷调查法

主要运用调查问卷对政策性畜牧业保险试点地区进行实地调查，从而获影响取养殖户投保意愿的识别变量，并进行定量化分析。

2. 专家座谈法

主要调查对象为政府相关部门负责人以及保险机构的管理人员等。调查政策性畜牧业保险的发展现状、发展过程、经验总结、存在的问题及解决方法。

3. 统计分析法

在对农户问卷调查结果进行分析时，主要运用统计分析软件SPSS18.0 和 Stata12.0 进行数据的统计整理与描述分析。

4. 计量经济模型法

从计量经济学的角度，采用数量经济模型进行定量分析，并用模型估计结果对于其假设进行检验。

（二）技术路线

技术路线，见下图所示。

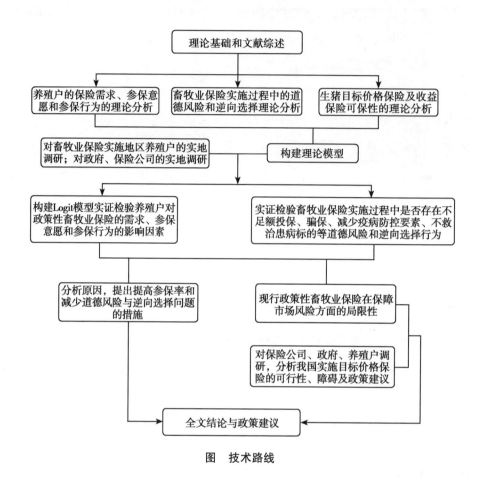

图　技术路线

第二章　文献综述

一、相关概念

(一) 农业保险与政策性农业保险

近年来，我国农业持续发展，如何解决农业生产中的问题也是党和国家的要务，农业保险被认为是解决农业生产问题的一个重要手段，对于农业保险的定义，郭晓航（1993）与王延辉（1997）等专家认为，农业保险是养殖业与种植业的保险。谢家智（2004）将农业保险定义为是动物和植物的生命保险，即主要核心是保障动植物的生命。李军等（2001）对农业保险的内涵进行了外延，农业保险除了种植业与养殖业保险外，还包括从事生产的农户的人身保险以及农场等基础设施等财产的保险（庹国柱等，1995；庹国柱，李军，1996；庹国柱，王国军，2002）。

一般认为，农业保险都具有政策性，通过商业保险公司开展市场化经营，各级政府提供财政补贴等政策扶持，农户的投保标的因自然灾害、意外事故和疫病等造成经济损失时，保险公司进行保本性质的赔付。政策性农业保险通过财政支持手段与市场机制的相互对接，增加了政府财政资金使用的效益、分散了农业生产风险，达到了创新政府救灾方式、促进农民收入增长的作用。我国的政策性农业保险是政府引导、市场运作、自主自愿、协同推进，政府从宏观层面给予政策扶持和指导，由商业保险公司具体操作，一般不具有盈利性，保险产品由政府财政给予一定比例的保费补贴。

(二) 政策性畜牧业保险

政策性畜牧业保险是政策性农业保险的一种，是养殖户在生产过程中，投保畜禽因疫病、自然灾害、意外事故等原因造成死亡的，保险公司给予养殖户经济补偿的一种保险产品。我国 2007 开始对规定的投保品种进行政策性保费补贴，中央财政保费补贴范围覆盖全国，补贴险种包括能繁母猪、奶牛、育肥猪、牦牛、藏系羊。与美国、加拿大等实施的目标价格保险及收益保险不同，它只对投保牲畜因疫病、自然灾害、突发事故等引起的牲畜死亡进行赔付，而不对因市场波动造成的收益损失进行补偿。

(三) 农产品目标价格保险

农产品目标价格保险是指各级政府以商业保险运作机制为基础，对农户进行保险保费补贴或其他方式的财政补贴或政策支持，以实现分散和转移市场风险的目的，政府对投保农户给予一定的保费财政补贴，商业保险公司具体操作，在发生农产品市场风险时保障农户收入能够达到一定的预期水平。农产品目标价格保险的目标性，主要是通过目标价格保险的制度设计、对投保标的保障水平以及保费补贴的高低来实现，政府不同的目标导向，也是通过目标价格保险的保障水平和保费补贴比例来体现。

目前，我国农产品目标价格保险还处于起步阶段，中央政府还没有统一的财政补贴，仅是各地方政府进行部分试点，如上海的蔬菜价格保险，北京、四川等省市的生猪目标价格保险以及山东省的牛奶价格保险等。因还没有中央级财政补贴，与现行的保生产风险的政策性畜牧业保险相比，在各地开展试点的生猪目标价格保险，还不能归为政策性畜牧业保险范畴。

2007 年，我国开始推行政策性畜牧业保险的试点工作，几年来取得了很好的效果，在保障养殖户养殖收益，保障畜产品市场供给等方面给予了很大的支撑，也进一步促进了我国畜牧业的健康稳定发展。但是，在实践过程中也暴露出了一些问题，一方面，如养殖户的养殖风险意识不高，对保险的保障认知不到位，加上保险险种单一，保障力度不够大，造成了养殖户参保率一直不高，还存在着部分的道德风险与逆向选择等问题，骗保现象时有发生；另一方面，我国目标价格保险制度还未建立，养殖户在面对市场风险时的手段有限，市场价格的大起大落严重损害了养殖户的养殖积极性，对我国畜产品市场的有效供应也造成了很大影响。

综上，本研究将围绕以上所述研究目标进行文献查阅、实地调研、数据收集以及建立相关计量模型进行分析，统筹考虑政府、保险公司和养殖户三方主体，通过借鉴国外发达国家畜牧业保险经验，分析探讨我国政策性畜牧业保险演化历程及现状，找出我国政策性畜牧业保险存在的问题与差距，并实证分析影响养殖户投保行为的因素及存在的道德风险，总结我国生猪目标价格试点的经验与问题，探讨我国推广实施生猪目标价格保险的可行性以及遇到的障碍问题，为我国政策性畜牧业保险的进一步发展，提供政策建议。

二、政策性农业保险的相关理论基础

保险存在的基础在于，投保人在购买保险后达到的效用水平要高于投保人未购买保险的效用水平，且高风险产业以及低收入水平的保险边际效用会相对较高。在我国，农民承担着种植作物或畜牧养殖的责任，并且收入水平较城市家庭要低，且农业风险又具有较高的复杂性和高发性，因此，对农业保险的效用研究很有必要。

(一) 风险管理理论

当种植或养殖风险在小范围内发生时，农民及养殖户可以通过一些传统的风险管理手段，如种植不同作物品种、养殖不同畜禽类别以及通过亲友间借贷等方法来分散风险。然而，在遭遇严重的突发事故、自然灾害或疫病风险时，传统的风险管理手段不再有效。农业风险具有风险单位大且难以分散、损害伴生性、发生高频性、损失的大规模性等特殊性（龙文军，2004），所以，需要建立一个有效的农业风险管理和分散机制。农业保险是市场化运作的农业风险管理工具，遵从大数法则，通过将区域农作物或者养殖牲畜进行汇集从而减少投保人收入的可变性，保障投保人的利益。

（二）风险分散理论

风险分散是指在时间与空间上将风险进行转移，保险机构在经营业务时，大多是以空间的分散方式，因此，会以尽量让投保者购买保险为手段，以使在最大空间有效分散保险公司的风险，扩大保险的空间分布可以稳定保险公司的收益，并能大大降低保险公司管理费用。保险承保的一个重要机制就是通过汇集大量相似的风险单元，当风险发生时来实现损失分摊。

保险公司经营保险的基础是基于大数法则的，大数法则是现代保险应用中的最为重要法则之一（中国保监会保险教材编写组，2007），它是指当农户遭受同一风险事故的投保量越大，实际损失与预期损失的差距越小，风险与投保标的的不确定性会随着投保标的数量的增加而减低。除此之外，保险机构想要降低农业保险的经营风险，必须确保实际发生的风险损失与保险公司的预期损失差距不能过大。

（三）市场失灵理论

市场机制要达到资源有效配置，有几个重要的前提条件是必须要具备的，包括完全竞争的市场、市场信息完全对称、生产和消费没有外部性、规模报酬保持不变或递减、经济人完全理性、交易费用忽略不计。若这几条使福利经济学基本定律失效，则称之为市场失灵（Ramaswami，1993；Schreiner，2001；Bester and Hellwing，2005）。市场经济在市场失灵的情况下运行就很可能达不到资源的最优配置。（Innes R and Ardila S，1994；Howell EM and Hughes D，2009；Roumasset，1976；Hazenll，1981）。

农业保险的外部性和准公共品的特性会导致利益外溢，从而使保险的社会边际收益（MSR）大于私人边际收益（MPR）。在政府的不介入的情况下，私人边际成本（MRC）将会大于社会边际成本

（MSC），由此造成私人的最佳消费量（QP）就会小于社会最佳规模（Qs），由此就产生了农业保险"需求不足"与"供给短缺"（图2-1）。并且，由于农业的生产特性，农业保险在实施过程中还存在着道德风险和逆向选择问题以及市场价格波动引起的系统风险等。一方面，由于农业保险在实施过程中具有较高赔付率、高管理费，保险公司为保证经营就会提出较高的费率；另一方面，由于受到种植经营模式、畜牧养殖方式以及自身经济水平等因素的影响，农民或养殖户对农业保险的需求仅仅是潜在需求，而不是主动有效需求，导致农业保险处于一种市场失灵状态。

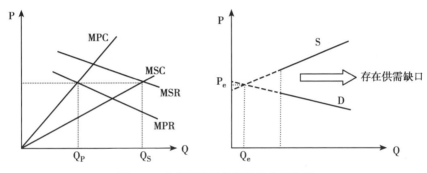

图 2-1 农业保险的外部性和市场失灵

（四）公共财政理论

政府对于农业相关支持政策是为了弥补市场机制存在的缺陷而制定的一系列规则，其目的是引导资源合理配置、防止收入差距过大、稳定国内农业增长和健康发展，确保农民增收和社会稳定。由于农业保险市场存在的失灵状态而导致农业保险市场出现供需"双冷"，如果要改变这一状况，就必须要靠政府的力量来弥补市场失灵所带来的公共产品的空白。

农业作为国民经济发展的支柱产业，承担着保障国家粮食安全、维护社会稳定的作用。但由于我国现阶段农业的弱质性，从事农业生产的广大农民的经济收入水平远远低于其他产业，且风险的承受能力也相对较弱。我国农产品的保费率为 2%～15%，大大高于一般财产的保费率（0.2%左右），这对于低收入农民来说很难接受（罗伟忠，2004），因此，需要政府作为社会权利的代表，以征税或其他形式将从社会其他领域来分摊一部分农业保险成本（熊存开，1994），如提供农业保费补贴或设立农业风险基金，使农业保险市场实现均衡。如图2-2所示，在没有财政补贴的情况下，农户需求曲线为D，供给曲线为S，显然需求曲线与供给曲线没有相交。说明在自由竞争的市场体制下，虽然农户有规避风险的意愿，但其保费支付能力较低；对于保险机构来说，虽有提供保险产品的意愿但因高成本、高管理费用等原因无法提供农业保险产品。只有在政府的参与下，为农户提供一定的保费补贴，或者给双方提供补贴，使S曲线下移为S1，D曲线上移为D1，使农业保险市场实现均衡。公共财政理论为农业保险补贴实施提供了理论依据。

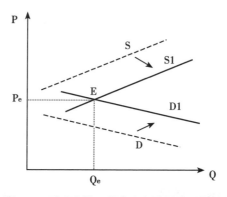

图2-2　财政支撑下的农业保险需求和供给

因此，农业作为一个弱质产业，它的脆弱性以及农业保险市场存在市场失灵、农业保险的引导作用，需要政府的大力支持来确保农业的有效生产和农业保险的有效供给，政府在政策性农业保险中需要发挥主导作用以此保障政策性农业保险的可持续发展，就必须要建立一个合理有效的农业风险分散、转移以及补偿机制。

三、国内政策性畜牧业保险研究综述

（一）我国畜牧业保险的发展研究

20 世纪 30 年代开始，我国少数省份开始试办农业保险，但直到 1978 年改革开放后，由于农业的快速发展，农业保险才开始被逐渐重视，开始步入正轨。然而，由于各种原因的影响，我国的农业保险在 20 世纪 80 年代以前一直以较慢的速度发展，1982 年开始逐步发展，学术界开始对各种农业保险理论问题进行研究（沈蕾，2006）。

庹国柱和李军（2005）在总结国外农业保险经营类型的基础上研究提出，只有那些政策意义较强、并且在充分竞争的商业保险市场上不太可能承保的农业保险，才能将其纳入政策性保险的范围，而不是所有农业保险产品都必须实行政策性经营。在对农业保险发展模式探索上，刘京生（2000）认为，选择财政支持型的发展模式是我国农业保险的重要途径。龙文军（2004）在通过分析"三主体"行为选择的基础上，认为政府在农业保险发展中需发挥积极的推动和主导作用。皮立波（2003）通过分析外国农业保险发展经验，认为我国农业保险应采取"三阶段推进战略"。国内学者对于农业保险属性及外部性的争论，引出了农业保险应属于政策性保险范畴的结论（郭晓航，1986；杨世法等，1990；庹国柱和王国军，2002；史建民和孟昭智，2003；胡亦琴，2003 皮立波和李军，2003）。中国农业保险的市场失灵及有效需求和有效供给的不足，主要体现在投保人与保险人的信息不对称、保障风险的系统性及保险的正外部性等方面以及我国的农业保险是农业与保险业两个弱质产业的结合，加之我国的农业保险制度缺乏，制度针对性不强（龙文军，2003；庹国柱和李军，2003；冯文丽，2004；吴祥佑，2005；张跃华，2005）。结合中国农业保险发展模式的理论研究成果包括"政府论"模式（陈思迅和陈信，1999）、"商业论"模式（庹国柱和王国军，

2002)、"区域论"模式（谢家智，2003)、"层次论"模式（陈舒，2004)、"过渡论"模式（谢家智和蒲林昌，2003，皮立波，2004）等观点。

随着国内外农业保险的深入研究发展，我国开始不断出现畜牧业保险的研究文章。江宏飞和周伟（2007）研究认为，在我国，政策性畜牧业保险具有风险较高、赔付率较大、保险费率较高等特点，如果政府政策不给予政策支持，畜牧业保险就难以形成有效需求和有效供给。且政策性畜牧业保险也属准公共产品，要到达到市场均衡，必须通过政府政策及财政方面的大力支持。尤其我国正处在开展政策性畜牧业保险的初始阶段，因此，需实行以政府政策支持保险公司商业运作相结合的模式，建立以政府为主导，多渠道、多层次、多种主体经营的政策性畜牧业保险制度。李彬（2007）通过分析我国畜牧业保险开展现状后提出，政策性畜牧业保险应由畜牧业协会承办，养殖户自愿参加，按照其养殖规模和养殖数量的不同交纳风险互助金。

在生猪保险研究方面，颜华（2007）提出，目前施行的生猪保险条款还存在较多不合理的地方，例如，保费较高，保额与实际投保标的价值不符等，这些因素不利于生猪保险的推广。杨枝煌（2008）提出，以金融手段来对冲疫病、自然灾害及市场波动等三大风险。曾小深和李建奎（2008）研究指出，为实现政策性生猪保险的持续健康发展，应加大生猪保险力度、设立风险准备金和再保险机制等。荣幸（2008）指出，应该尽量避免政策性畜牧业保险实施过程中的道德风险和逆向选择，只有降低了道德风险和逆向选择，才能充分调动保险公司的承保积极性，借鉴国外发生模式，政府与养殖户按比例共同承担风险的脑线发展模式，应是发展方向。毛伟和李玲（2008）认为，通过制定科学合理的保险条款，测算不同风险水平的保费率、建立健全再保险机制以及巨灾风险分散体系等措施可以实现政府、保险公司和农户三方共赢的局面。银梅等（2008）提出，我国政策性生猪保险也同样面临着"有效供给短缺"和"有效需求不足"的双重问题，解决这一问题的根本途径是实行政府财政补贴的政策性保险。刘勇等（2009）对我国主要生猪养殖大省的政策性生猪保险现状进行了深入调研，对生猪保险现状展开了分析。汤颖梅等（2010）通过对苏北地区生猪调出大县的288个养殖户的问卷调查研究后认为，政府发布的有关政策可能会影响到养殖户投保的决策意愿，并有可能加大养殖者的价格风险。温连杰等（2011）通过分析与总结后认为，我国在2011年之前的研究更多的是对我国政策性生猪保险现状分析，主要在大农业保险框架下进行研究，而没有考虑生猪保险需求的特殊性。

（二）对运行效果的评价研究

在对农业保险试点的评价方面，费友海和张新愿（2004）对我国农业保险供求现状进行了经济学分析，根据研究结果提出农业保险是降低农业风险、提高抵御自然灾害能力的有效措施的结论，建立农业保险制度是市场经济发展的客观要求和必然趋势。张跃华和施红（2007）基于福利经济学对补贴、福利与政策性农业保险进行了深入探讨。张跃华（2007）以上海市青浦区南美白对虾保险为例，对农业保险政策性运作的经济学分析进行了研究。朱俊生（2007）对政策性农业保险试点模式、经济发达地区试点经验比较等方面进行了评价研究。谢蕊莲和刘攀（2007）以四川省眉山市政策性奶牛保险试点为研究对象，分析了我国政策性农业保险的困境及出路。孙蓉和黄英君（2007）通过分析我国农业保险的发展历史，从保费收入、渗透度、减灾救灾度等几个方面进行了简要分析，分析了我国农业保险制度的非均衡状态，并提出制度创新是我国农业保险可持续发展的出路。有的学者对某一地区或试点地区的农业保险工作进行了评价，如黄晓虹等（2007）通过对广西壮族自治区政策性农业保险试点模式的分析，提出了改进政策性农业保险试点工作的一些建议。顾海英和张跃华（2005）通过对上海农业保险实施经验的梳理与分析，总结了上海市政策性农业保险成功能够成功运作的关键方法和模式。李坤和鞠鸿英（2007）通过研究山东省烟台市政策性农业保险试点实施工作，得出了如何在经济发达地区实施农业保险的启示。浙江发改委综合体改处（2006）对该省推出的"政府推动+共保经营"试点模式进行了评价。张跃华等（2007）对上海市、江苏省、浙江省三地政策性农业保险 3 个主体的角度研究指出，目前我国政策性农业保险在实施过程中还存在一些问题，认为在实施政策性农业保险的过程中，必须要明确政府的政策支持意图。黄宇峰（2007）通过分析江苏省面临的农业风险以及江苏省政策性农业保险投保不断萎缩的原因，对江苏省农业保险的试点工作取得的成效进行了评价，并提出了相应的对策。

通过对政策性农业保险的运行评价研究，多数学者认为政策性农业保险制度会对农业的健康发展产生正面的影响。安翔（2004）认为，我国在农业保险的商业化经营和合作化组织模式的试验，为我国实施政策性农业保险提供了宝贵的经验，并且可以借鉴国外的先进做法和经验，但由于我国地区间经济发展程度及政府财力状况不一，自然禀赋亦不相同，所以，我国政策性农业保险的运行模式不能采取一刀切的做法。郑宣卿（2007）在对通浙江省温岭市政策性农业保险试点进行研究后发现，政策性农业保险的试点成效显著，该地区大大防灾抗灾的能力大大增强，有效规避了农业生产风险，大幅增加了农民生产收入，对促进该地区现代农业发展提供了重要保障。河北省"农业保险"课题组等（2007）通过调研认为，建立实施政策性农业保险制度，有效分散农业生产过程中的各类风险，是实现农业现代化、保障农户增收的一项重要举措。当然农业保险运行过程还存在很多问题，这些问题也引学者的广泛关注。政策性农业保险运行过程中还存在如缺乏广泛资金支持，风险大，险种单一，费率较高，定损较难等主要问题（白丽君和朱继武，2005；郑宣卿，2007）。

（三）对保险的需求及参保意愿研究

国内学者对于农户行为的评价主要在对于农户参保意愿以及影响农户购买意愿的因素研究上，一般认为，由于我国农户经济收入水平较低，由此导致了我国农业保险市场的有效需求不足。原因在于我国农户经营规模偏小，经营收入较低，除生活必须开支外，剩余收入很难再购买非必需品。刘宽（1999）对以山西省农户为研究对象对农业保险支付能力进行了研究分析。庹国柱、丁少群（2001）通过对陕西省和福建省农业保险市场进行调查后分析，农业收入占家庭收入比重越高，对农业保险的需求度越大。付俊文和赵红（2005）运用数量模型分析了农户在农业保险实施过程中各种行为以及对农业保险的实施产生的影响，并提出相应的对策建议。张跃华和何文炯（2007）通过对山西省、江西省和上海市706户保险意愿调查问卷得出，农户对农业保险需求不足的原因主要来自农民收入低下、保费高、种植业和养殖业的收入持续下降等方面。李德喜（2006）认为，农业保险的高价格、高费率、农户实际支付能力和农业保险的预期收益较低等因素，是制约对农业保险有效需求的原因。有的学者通过对农户收入与参加农业保险的关系进行实证研究后认为，农户的经济收入水平可显著影响其投保农业保险的行为，只有其收入在优先满足其必需的家庭生活需求后还有剩余时，才会考虑对于农业保险的需求（熊军红、蒲成毅，2005）。

在其他影响农户投保的决策因素研究方面，宁满秀、邢鹂和钟甫宁（2005）对影响新疆棉农投保的决策因素进行了实证分析，研究表明，专业化生产程度、产量波动程度、种植规模等因素对农户投保行为有显著影响。宁满秀、苗齐、邢鹂、钟甫宁（2006）在另外的研究中表明，保费的支付水平的高低主要受市场价格波动、自然灾害、播种面积、对农业保险的认知度等因素的影响。陈妍（2007）等通过 Logit 模型对农户进行了投保意愿的实证分析，结果表明，农户对农业保险的需求受家庭收入及受教育程度等因素影响，农业经营规模化和农户接触外界知识对农业保险的购买意愿有显著影响。张胜等（2007）通过对江西省200户农户进行调研，提出拓宽保费补贴来源、提供合理保费补贴方式、提高资金运作效率的建议。陈泽育（2008）等通过 PCE 模型测算农户参保政策农业保险意愿的影响因素，结果表明，农户的年龄、家庭年度收入、受灾后的损失程度与农户对保险的认知程度，对农户参保意愿有明显影响。

在畜牧业保险需求的决策因素研究方面，周建波等（2011）以政策性能繁母猪保险为例进行研究，对我国政策性畜牧业保险产品特性进行了经济学分析。胡文忠等（2011）以北京市政策性生猪保险为研究对象，对养殖户政策性畜牧业保险的需求因素和影响其投保的意愿进行了分析。朱阳、王尔大（2011）等基于效用函数为理论基础，运用 Logit 模型对养殖户购买政策性畜牧业保险的影响因素进行实证分析，研究结果显示，养殖户家庭总收入、养殖收入占家庭总收入的比例、家庭主要经营产业及养殖户对保险重视程度等，是影响养殖户购买畜牧业保险的重要因素。张跃华等（2012）通过调研浙江省养殖户的退保行为后发现，影响养殖户参保政策性畜牧业保险意愿的因素，主要有风险偏好程度、对政策性畜牧业保险的认知程度、养殖规模大小等。崔小年等（2012）通过对北京市生猪养殖户的调研分析，养殖户对政策性畜牧业保险的认知程度显著影响投投保意愿，而养殖户养殖规模对投保意愿没有显著影响。

（四）道德风险与逆向选择问题研究

我国学者开展了对农业保险中道德风险和逆向选择的研究，蔡书凯和周葆生（2005）研究指出，在农业保险实施前后存在严重的信息不对称，而且由于农业生产的高风险及高复杂性，由此导致的道德风险和逆向选择问题也更加严重。吴扬（2005）研究指出，农业保险合同中一个重要问题就是符合农户自保措施限度内的保费很难确定并调整到位，这就使道德风险和逆向选择容易发生。王萍（2005）认为，一定要注意农户在投保农业保险中的道德风险行为，特别是小规模种植或养殖的农户若要隐瞒相关信息或故意对投保标的做一些附加行为，很容易造成投保作物或牲畜的死亡，而由于信息的不对称性，保险公司无法得知真正的情况，因此，也不得不赔偿。也有部分学者认为逆向选择的出现是由于保费的不当设定和政府的大量补贴所致。李放等（2005）对政府对保费进行补贴是否更易于引发逆向选择和道德风险问题进行了研究，由于信息不对称造成的逆向选择问题的存在，农户会偏向于投保高风险标的，之前由于高费率对农户的这一行为有一定程度的限制，然而在政府补贴之后，提高了农户的付费能力，就存在可能故意配置高风险项目，同时，放弃对风险预防的努力。马志恒、王传玉（2005）认为，对农业保险发展中风险问题的有效解决，可以通过经济学对信息不对称产生的风险进行分析。保险人要科学的制订合同就应该充分了解及掌握农产品及与农业保险相关的原始信息，与此同时，政府也需要加快发展农产品期货市场，促进保险产品能够合理地定价。综上所述，我国的学者更倾向认为产生道德风险和逆向选择的信息不对称，主要体现在投保人即农户拥有私人信息方面。也有部分学者对我国政策性农业保险市场的供求状况从经济学角度出发进行定性分析。陈璐（2004）利用经济学对我国农业保险业务萎缩作出分析后指出，政府需要按照市场经济的要求调节农业保险市场失灵，并对农业保险给予政策性补贴。费友海、张新愿（2004）、费友海（2005）等学者也对中国农业保险发展的困境从不同的角度进行了经济学分析。

在政策性畜牧业保险市场中，道德风险是指养殖户在购买保险产品后，通过改变其行为而使得损失的数量或可能性增大。例如，养殖者为了提高饲养牲畜的抗病能力通常会给牲畜注射疫苗，然而购买保险之后，因为，有了保险的保障，养殖者将会为了降低其成本而省去疫苗。养殖者的这种思想及行为就会使牲畜的损失或可能的损失性增大。道德风险分为"事前道德风险（签约前）与事后道德风险（签约后）"。当保险公司无法控制或无法得知的养殖户的具体信息时，养殖户在购买畜牧业保险之后，会故意降低其对投保标的的防疫卫生条件，由此就会产生事前道德风险。在发生险情时，若保险公司无法得知养殖户报损的真正情况，就只能以养殖户报损的情况来进行赔付，由此就产生了事后道德风险。但有些道德风险可能是养殖户购买保险后增加其承担风险的意愿作出的理性经济决策，这样的道德风险并不是违法或不道德。

在政策性畜牧业保险市场中，逆向选择是指保险公司无法准确的按照风险等级将潜在购买保险产品的养殖户进行划分。潜在购买保险的养殖户比保险公司对自己的真实养殖风险更清楚，通常更倾向于购买保险的是风险较大的潜在养殖户，而风险较小的潜在养殖户会更谨慎地对待保险的购买。在当前的市场经济体制下，若要在激烈竞争的行业中存活，保险公司必须能够根据保险产品准确的拟定出保险费率。道德风险增加了保险公司承担风险的概率，也加大了保险公司的赔付支出，但养殖户进行的这些增加赔付可能的行为保险公司并不一定知情，并且由于保险费率的单一性，也没有包含因道德风险而增加的损失的成本，因此，就会发生超赔付的可能性。长此情形，保险公司就会提高保险保险费率，而由于没有考虑道德风险较低的养殖户的实际情况，没有发生道德风险的养殖户就会因为保费的提高而拒绝购买保险，这样仍然会导致赔付超过保费，如此恶性循环，导致的最坏结果就是购买较高成本保险的全都是存在道德风险的养殖户。

四、国外政策性农业保险研究综述

（一）国外政策性农业保险发展研究

国外对于农业保险的理论研究始于 19 世纪，最初是以农业合作组织的形式开展农业保险，随后开始出现私人承办的农业保险，但是在实践中私人承办的农业保险很少能够获得成功。20 世纪 30 年代西方经济危机使完全自由竞争市场受到质疑，这使得凯恩斯思想得以重视和发展（Ahsan，1982）。Kraft（1996）、Knight（1997）分别论证了农业保险具有稳定农户收入的作用。还有学者开展对具体作物保险情况的讨论，如 Kuminoff（2001）对蔬菜保险进行了研究。Smith（2002）对棉花保险进行了研究。在美国罗斯福新政中，农业保险是农业发展支持政策的其构成的重要内容，商业性的农业保险逐渐转变成政策性的运作方式（Mahul，1999；Gloy，2005；Chambers，2007）。在国外大部分作物保险都是强制性保险（Hardaker et al，1998）；Pomerada（1984）通过对巴拿马农业发展银行投保和未投保的农业贷款进行比较，发现投保的贷款比未投保贷款的利润更稳定。在墨西哥，农民必须参与政策性保险才能从农业银行借款进行农业生产（Hardaker et al，1998）。庹国柱等（2005）通过研究分析国外农业保险，发现在日本，水稻、早稻、小麦等大田作物项目是国家法定保险，强制实行政策性保险。孟春（2006）通过借鉴国外农业保险的研究发现，许多国家都将农作物保险纳入政策保险范畴，由于农业生产中的作物保险管理费用高、一旦发生风险，很难将损失进行转移，并且商业保险和农业贷款涉及农业生产领域的意愿较低，因此，非常需要政府的支持。

Hennessy（2007）等通过农业保险和其他风险管理工具的比较，分析不同风险管理对农户受益的影响。Babcock and Hart（2009），Chang and Mishra（2012）认为，农业保险依然是有助于降低农户收入风险的首先工具。Duncan（2010）等人建立了委托—代理理论应用模型，解决了保险市场中基于信息不对称问题的利益分配问题。Roumasset（1976），Hazel，Pomareda and Valdes（1986），Hazell（1986）等学者对农业保险准公共物品属性进行了研究。Mishra（1996）对 Hazell（1986）的观点表示怀疑，认为若保险需求并不是完全弹性的，则非农部门就会从实施农业保险的行为中获益，因此，应对农户进行保费补贴。

（二）政策性农业保险的需求及参保意愿研究

20 世纪 70 年代开始，许多学者开始尝试用经济理论来解释农业保险失灵的问题，国外学者在对农业保险需求进行分析研究时往往基于农户的预期效用理论，采用的是农户参加农业保险的实际数据。Knight（1997）等学者通过分析得出农户进行多样化经营时会降低保险的预期效用，从而导致参保率降低，而高生产风险的农户或者较大生产波动大的农户更倾向于购买农业保险，并得出农业保险的参保率是与经营规模成正相关的结论。Rejesus（2006）测定了美国农户对农作物保险的需求弹性及其范围。这些研究结果支持了 Knight 等人有关农业保险需求缺乏且总量偏低的观点。农业保险有效需求不足有 2 个主要原因，一是保费过高，与农户的预期效用不成正比；

二是农户可以通过其他风险管理手段规避风险，而这些风险管理手段对农业保险的参保率有很大影响。国外学者为深入了解有效需求不足的原因进行了大量的实证分析，如 Moschinl 和 Hennessy（2001）认为，农户对待风险的认知程度决定其是否愿意购买保险，因为，风险偏好不同，对待风险态度也大不相同，喜欢追求风险的农户往往不考虑是否需要转移风险，而厌恶风险以及实行多样化经营的农户往往认为保费较高，与保额不成正比，会通过其他的农业风险管理工具来替代农业保险，农业保险参与率不高的部分原因与农户的风险偏好有很大影响。Malini（2011）研究发现农业保险对家庭收入水平较低的农户的边际效用更大，但由于其收入较低，并且农业保险的高风险高管理费用造成的高保费率，会影响其投保的行为。Just（1999）等研究发现，农户在投保农业保险时，并不是首先考虑到的规避风险，而是首先考虑政府保费补贴带来的预期受益。Serra 和 Goodwin 等（2003）研究发现，随着农户家庭收入的增加，其规避农业生产风险的行为降低，因而，造成购买农业保险的意愿下降和有效需求降低。Vandeveer（2001）通过 Logit 模型进行实证分析，研究表明，影响农户投保的主要因素包括个人特征、经济特征、家庭特征、保险条款以及生产波动程度与风险程度等。

（三）道德风险和逆向选择问题研究

Kotwitz（1987）认为，在保险实施过程中发生道德风险要具备 2 个条件，一是投保人在投保后会降低投保之前对于投保标的的本来投入等，从而会增加投保标的发生风险的可能性；二是由于保险人无法全部了解投保人的相关信息，因此，无法了解因投保人减少投入而造成的投保标的的风险；Knight 和 coble（1997）等通过研究发现，相对于农业保险的其他险种，农业保险中的道德风险和逆向选择问题更为严重。农业保险中，保险人的经营收益与信息不对称造成的投保人信息不可观测性和投保人存在的投机主义行为，造成保险人经营收益降低，承保意愿也下降，因此，道德风险降低了农业保险的实施性（Chambers，1989；Hyede&Vercammen，1995）。在农业保险市场，Wright & Hweitt（1990）对没有出现私人承包农业保险的问题通过道德风险和逆向选择来进行解释，并且研究还认为对农业风险分散采用农业保险的方式所获取的收益并没有很多农业经济学家想象的那么多。对于如何解决道德风险和逆向选择这2个问题，有学者认为需要保险公司精确厘定费率或者调整政府工作（Ahsan Ali和Kurian 1982；Nelson 和 Loehman 1987；Chambers 1989；Knight 和 Coble 1997）。Gardner 和 Kramer（1986）提出，用法律手段来防范道德风险的发生。以欺骗行为获取理赔，可以通过对多年保险合同的统计来发现，对发生该行为的农户提起控诉，从而减少道德风险的发生。Goodwin（1993）提出，以加强对农户监督的方法来避免道德风险，并且，可以有效地解决问题，但由此产生的高昂的监督成本，保险公司却无力承受。

在农业保险购买过程中，逆向选择行为主要以较高赔款预期和农户对较高风险农场投保两方面来体现（Quiggin，1994）。Knight 与 Coble（1997）研究发现，由于信息不对称所引发逆向选择可以通过采取强制性投保手段控制。但有些学者会认为强制性投保会引起舆论关注及社会不稳定，因为，对农户要求强制性投保会影响农户的利益（Glauber 和 Collins，2002）。日本学者认为，对小规模的养殖场实施强制投保是更为合理的。Rothchild 和 Stiglitz（1976）根据保险事故发生的概率，将养殖户分为高风险养殖户和低风险养殖户两类。同时，他们认为，完全竞争的保险市场因为客观存在的逆向选择而无法达到均衡状态，因此，对高低风险不同的养殖户所提供的保费也应该不同；Ahsan 等（1982）认为，可以通过政府政策支持及加强对保费的补贴来有效控制逆向选择。Just 等（1999）对美国农户调查发现，美国农户购买农业保险主要是为了获得政府对农业的补贴而不是为了规避农业生产中的风险问题。Just 和 Calvin（1999）通过调查分析，认为农户参与农业保险的动机主要来自于政府的补助和农业保险逆向选择的可能性。Calvin 和 Quiggin（1999）通过研究得出，参加农业保险的农户一般会期盼能得到更好的风险赔偿，因为，低风险预期的农户在参加投保之初，由于较高的保险费率而放弃了参保。对购买农业保险和农业投入成本方面国外已有许多学者做了相关研究。Goodwin（1993）通过对美国保险市场的逆向选择问题进行研究认为，只有风险高于平均水平的那些农民才会选择投保。Goodwin 和 Smith（1995）通过回顾美国农业保险市场的发现，逆向选择问题是由于保险公司无法根据不同风险水平的投保人计算出不同的保费而造成的。Smith（1996）等研究发现，在美国农场中，对于化肥和农药的投入成本，没有投保的农户要高于投保的农户。Goodwin 等（2004）的研究显示，在购买了农业保险后，农户对农作物的投入成本有所减少，例如，化肥、农药的购买使用及受灾后的积极补救措施，等等。而对风险进行区域划分是被更多的学者认可，根据划分的不同风险区域来收取相应的保费才是最有效的解决道德风险的手段。目前，美国、加拿大等发达国家是根据不同农场的实际生产状况而收取相应的保费，日本的保险公司更为精确地按照具体的地块来收取农户的保费。

五　国内外生猪目标价格保险研究综述

（一）国外生猪目标价格保险研究现状

通过对各国畜牧业保险的发展现状进行梳理，各国畜牧业保险责任范围涉及最多的是因突发事故、自然灾害与疾病导致的牲畜死亡和重大疫情，但各国具体相关规定有所差异。在典型开展畜牧业保险的国家中，澳大利亚、日本、韩国、印度、中国等的保险责任范围侧重于意外、自然灾害及疫病导致的死亡等（日本、韩国还包括重大疫情造成的损失）；蒙古国开展了死亡指数保险；美国、加拿大2国的保险责任范围为收入损失和价格损失（FAO，2011）。中国部分省市也对价格损失理赔开展了部分试点。

2002年美国先后推出生猪价格保险（LRP-swine）和生猪收益保险（LGM-swine）两款保险产品，这是生猪价格保险的起源。LRP-swine承保的畜牧业风险是单一价格波动风险，不承保因疫病、自然灾害等造成的牲畜死亡的风险。保险合同到期时，如果养殖户出售的生猪市场价格（以芝加哥商品交易所期货结算价格为准）没有达到签单时保险公司承诺的目标价格，保险公司负责赔偿养殖户损失，如实际出售价格高于目标价格，则养殖户可按实际价格卖出获得收益。养殖户购买生猪价格保险相当于购买了一份生猪价格的看跌期权，因此，来对冲生猪养殖过程中的市场波动风险。美国农业部给予 LRP-swine 的保费补贴比例为 13%（Burdine，2008；RMA，2008）。LGM-swine 是对生猪售价下跌或在养殖过程中因饲料价格上涨等因素导致的养殖户预期收益下降的一种风险保障机制，当保险合同到期时，养殖户最后的实际收益（生猪养殖收入—饲料成本）低于保险公司承诺保障的"期望收益"时，保险公司会对预期收益损失部分进行赔偿，若实际收益高于预期收益，保险公司不予补偿。期望收益与实际收益的计算均参考期货市场的相关价格数据来计算（RMA，2004）。投保人通过投保生猪收益保险把未来养猪的收益事先固定下来，降低了生猪和饲料价格波动给生产者带来的风险。政府对 LGM-swine 产品进行保费补贴，补贴比例为 18%~50%。目前，美国市场出售的生猪保单中，87% 为生猪收益保险。2011 年加拿大推出生猪价格保险计划 HPIP，2014 年将此保险扩大到整个加拿大西部地区。养殖户在购买保险时，可以根据自身实际情况选择特定的保险期限与保险价格（保障价格），同时，缴纳相应的保费。在保险合同到期时，如果实际销售价格等于或者高于保险公司保障价格，养殖户可以按照实际市场价格出售并获得收益；若实际市场出售价格低于目标价格，保险公司需对养殖户损失进行补偿。但加拿大政府不对 HPIP 提供保费补贴。夏益国、黄丽、傅佳（2015）认为，生猪价格（收益）保险的相关数据可通过期货交易所获得，不用了解被保险人的具体损失情况，降低了业务成本，并且通过政府给予一定的保费补贴，既提高了投保人的积极性，又有利于防范道德风险和逆向选择问题。同时，由于运用了期货工具，避免了玉米、大豆等饲料的单一价格变动对生猪价格造成的影响。

（二）我国生猪目标价格保险研究现状

在理论研究方面，张峭、汪必旺、王克（2015）认为，相对于传统市场风险管理手段，生猪价格保险可以更好发挥市场机制，并且符合 WTO 的绿箱规则，能有效降低保险公司交易成本等多项优势，在我国具有很好的发展潜力。生猪价格风险具有完全系统性和非完全随机性的特征，若要全面推广实行，前提是要进行政府提供保费补贴，并要建立巨灾风险分散机制，还有有科学合理的目标价格险制度。王亚辉、彭华（2014）认为，生猪目标价格保险在操作与实际效果上具有优势，理赔简便高效，公正透明，准入门槛低，养殖户可直接参与，利于降低成本，采用市场化运作，更有利于发挥失常机制的作用。但在财政支持和保费补贴力度以及养殖户对保险的认识上还不到位，并且缺少再保险和巨灾风险转移机制，发生巨灾风险时无法保障保险机构的利益，加之相关保险产品的知识产权得不到保护，无序竞争严重，制约了生猪目标价格保险的推广，降低了保险公司的承保积极性。靳贞来（2014）也认为，价格指数保险在应对市场风险时具有一定的优势，它与具体的生产行为无关，是为防范市场风险而提供的一种保障。在理赔时不需要了解被保险人的实际损失情况，降低了保险公司的勘察成本。王克等（2014）从理论上对实施生猪目标价格保险进行了研究，认为与生产风险相比，价格风险系统性更大，价格指数保险存在大范围巨额赔付的可能性，因此，推广时要慎重考虑。相对于价格指数保险，收益保险可能是一种更好的选择，更能降低赔付风险。

在确定目标价格方面，冷崇总（2015）认为，应建立在生产实际的基础上，统筹兼顾养殖户、保险机构、政府的利益以及更好发挥市场机制的因素来确定。并且要建立目标价格的动态调整机制，根据市场变化情况，对应调整目标价格，并及时向养殖户公布，以引导养殖户合理养殖。

在目标价格保险的制度研究方面，山东省物价局课题组（2015）认为，要构建保险组织与服务体系，负责保险试点各项工作的组织协调和管理，保险机构承保上，要引入竞争机制，提升服务水平。应建立完善补贴资金管理制度、信息共享与上报制度、稽核审计制度等。并且要防范系统性风险和巨灾赔付风险，从保险制度安排和保险产品设计 2 个层面转移和分散面临的巨灾风险，建立多层次、多主体的巨灾风险分散机制。王克、张旭光、张峭（2014）认为，必须合理设计价格保险产品，设置不同的保险期间，防范或克服其可能面临的逆选择和投机风险问题。健全生猪市场价格监测统计体系，保障相关信息发布的及时、准确和公正性。根据各地实际和产业发展政策，准确把握生猪价格保险的角色定位。考虑设置不同的保障水平，在不同的保障水平下，对应不同的保费补贴比例，建立弹性补贴体系。辛燕和刘月姣（2014）认为，要正确处理好政策试点与全面推行的关系。虽然目标价格保险制度具有十分明显的优势，但是由于在政策操作上比较复杂，农民或养殖户的还需要一个长期过程来适应与接受，若不加考虑全面推行有可能会面临一定的操作风险。因此，目标价格保险制度应采用试点先行、稳步推进的改革策略，积累操作经验，再稳步扩大推广。何小伟、赵婷婷、樊羽（2014）认为，在实施生猪目标价格保险时，如何合理界定政府角色和如何合理设计保单是两个难点，必须明确政府在推广保险中的职责，在保单设计上要坚持"本土化"，强调因时制宜和因地制宜，避免"一刀切"。

在对保险公司的要求上，吉瑞（2013）通过对上海蔬菜价格保险的研究认为，目标价格保险的实施是以掌握大量的关联信息为前提的，保险公司要强化与政府相关部门的沟通和信息共享。保险公司在全面掌握这些信息上存在一定难度，并且也不是农业部门能完全掌握的，往往需要统计、监测等多个部门的配合。张凡雷（2015）认为，要加快保险产品开发，满足农民的不同需求，以适应农业专业化、规模化和集约化发展的需要。

通过分析国内外生猪目标价格保险的研究与发展状况，国外尤其是美国、加拿大等生猪养殖发达国家对于生猪目标价格保险的相关理论研究已经非常丰富，且我国已开展实施了相关种植作物的目标价格补贴和目标价格保险，这也为我国生猪目标价格保险制度的建立提供了丰富的理论基础和实践经验。但是，目前我国生猪目标价格保险试点仅限于几个省份的几个地区，试点规模很小，参保规模很低，且国内学者对我国生猪目标价格保险的研究，总体上还处于摸索、起步阶段。已有的相关研究主要侧重于生猪目标价格保险的可行性分析、国际经验分析、发展障碍及制度建议等的理论分析，缺乏对生猪养殖场（户）等的一线调研，对于养殖场（户）购买意愿、保险推广潜力等缺乏实证研究，对我国目标价格保险从顶层设计到具体施行的相关机制，也没有形成一致意见。

六、对本研究的启示

综上所述，学术界对于畜牧业保险的研究尚不多见。首先，在目前关于农业保险中，多以种植业保险为主，但畜牧业在生产方式、生产条件、生产周期等方面都与种植业存在很大不同，因此，其保险需求及影响因素也与种植业有显著区别。其次，由于我国当前养殖户对畜牧业保险并不太关注，因此，研究养殖户对畜牧业保险需求及影响因素，参加畜牧业保险后是否产生道德风险具有重要的理论和现实意义。本文以北京、四川、河南、山东等省市畜牧业保险试点地区和畜牧养殖业较为发达的地区实地调研为据，探究养殖户对畜牧业保险的需求及参保行为的影响因素；通过考察在信息不对称的情况下参保人投保后是否减少疫病防控要素投入和出现"不足额投保"行为来评估畜牧业保险中道德风险，揭示畜牧业保险的作用机制，探讨我国试点推广生猪目标价格保险的可行性，并提出政策建议，为促进畜牧业保险健康发展提供决策依据。

七、本章小结

当前我国政策性畜牧业保险的推广实施对保障广大养殖户的收益起到了很大的保障做用，在促进我国畜牧业健康稳定发展方面作出了很大的贡献。但在保险实施过程中，仍然存在着养殖户参保率较低，部分地区仍存在较严重的道德风险与逆向选择等问题，这对政策性畜牧业保险的良性发展带来了巨大阻力。

当前我国畜牧业快速发展，养殖方式向规模化专业化方式转变，并且畜产品市场波动也越来越频繁，而现行的政策性畜牧业保险在保障养殖户的市场风险方面却无能为力。因此，部分地区已尝试开展目标价格保险，以期能平抑市场价格，确保畜产品供给稳定。

第三章　中国生猪保险的发展演化及国际比较分析

一、我国生猪养殖业现状情况

（一）我国养殖产业现状

养殖业是支撑我国现代农业发展的支柱产业。改革开放以来，我国养殖产业一直以高速发展，取得了巨大成就，为保障国家食物安全、转变农业发展方式、促进农户增收、提升国民营养健康水平等方面作出了巨大贡献。2014 年我国养殖业产值占农业总产值的38.4%，其中，畜牧业产值占28.3%，比 1978 年提高了 21.8 个百分点[①]。养殖业已成为农业中最为活跃的主导产业和促进农民增收的支柱性产业（表3-1）。

表 3-1　2014 年度我国肉蛋奶类生产情况

	肉类	猪肉	牛肉	羊肉	禽肉	禽蛋	牛奶
产量（万吨）	8 707	5 671	689	428	1 751	2 894	3 725
2013 年增加（%）	2.0	3.2	2.4	4.9	-2.7	0.6	5.5

注：数据来源于国家统计局

但是，制约我国养殖业可持续发展的形势依然严峻，如资源短缺日趋严重、国际竞争对我国的产业冲击日趋加重等现象越来越突出。饲料粮进口量持续增加、优质牧草资源缺口巨大，动物优良品

[①]　数据来源：国家统计局

种仍然依赖进口。随着我国与澳大利亚、新西兰等国家签署自贸区协定，受国际市场的冲击不可避免，我国的一些养殖产业相继出现剧烈的波动，这严重影响了我国养殖业的良性发展。我国对养殖产品的需求潜力巨大，若过度依靠国外养殖市场的供给，既不现实，也不可能，还会严重影响我国的粮食安全。

（二）我国生猪养殖业现状

我国是猪肉生产和消费大国，产量及消费量稳居世界第一位。数据显示，我国生猪养殖业产值占畜牧业总产值的比重达47%[①]。随着养殖水平的进步，人们生活水平的提高，我国猪肉人均消费量一路攀升，饲养数量和规模发生了翻天覆地的变化。2014年，我国生猪存栏46 583万头，同比下降1.7%；出栏73 510万头，同比增长2.7%。2014年能繁母猪年末存栏量4 300万头，相比2000年末的4 187万头增长2.7%，年均增长0.19%（图3-1）。生猪出栏量和猪肉产量连年保持较高的数量，有力地保障了城乡居民的猪肉供应（表3-2）。

表3-2　2014年度我国生猪养殖情况

	生猪存栏	生猪出栏	能繁母猪存栏量
数量（万头）	46 583	73 510	4 300
2013年增加（%）	-1.7	2.7	-10.4

注：数据来源于国家统计局

近年来，中国经济注重转方式、调结构，轻速度、重质量的态势。我国生猪养殖业也紧跟形势，加入了调整优化、淘劣选优的大军，养殖规模、养殖技术、防疫水平、基础设施建设等不断增强。虽然我国生猪养殖的规模化、产业化发展处于爬坡阶段，并呈现出繁荣发展之势，但依然存在着一系列不可回避的问题：如管理水平不高、环保要求严格、竞争力明显弱于国外等问题。2015年，国家实施最严格的环保法，对生猪养殖带来的环境污染的要求大大提高，

---

① 数据来源：农业部

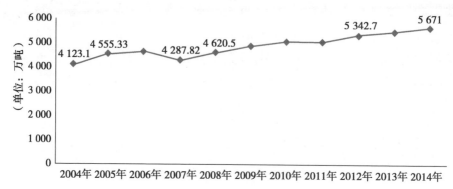

图 3-1　2004—2014 年全国猪肉总产量走势

(注：数据来源于国家统计局)

不但提高了养殖门槛，也加大了养殖成本。加之国外现代化、集约化养殖企业产品进口对我国养殖产业的剧烈冲击，我国生猪养殖业已到了危险的境地。

按照预测，未来 15 年是我国养殖业的重大战略转型期（中国养殖业可持续发展战略研究项目组，2013）。从发达国家的发展经验来，要实现农业现代化，养殖业产值须超越种植业，成为农业中的第一大产业，成为农业中的战略主导产业。因此，如何保障我国养殖业的可持续发展，使养殖业成为农业经济发展的重要动力、促进农民增收、保障国家粮食安全，是我们亟待解决的问题。

二、我国政策性生猪保险的必要性及发展演变

（一）政策性生猪保险的必要性

1. 是保障我国食物安全的必要措施

长期以来，由于人口、土地的限制以及国人的饮食习惯，我国一直有"猪粮安天下"之说，这体现了粮食产业与生猪养殖业在农业生产中的地位。猪肉是我国最主要的肉类消费品种，年产量占全国肉类产量的 65% 以上；生猪产业体系庞大，每年生猪产业的产值

占全国牧业产值的近50%[①]；生猪养殖是我国大部分农村地区农民的产业之一，也是农民增收的手段之一。目前，我国大部分生猪养殖还是小规模的散养形式，受疫病、自然风险以及市场波动的影响较大，在这些风险发生的情况下，如果没有一种较好的风险管理措施来降低其风险损失，一旦养殖户的积极性受到破坏，将对我国生猪产业造成严重影响，影响市场的稳定供给。并且在没有政策性保险的情况下，养殖户为了减少因疫病、自然灾害等风险造成的牲畜死亡的经济损失，会将病死猪低价处理给不法单位或个人。而在投保生猪保险的情况下，相关部门能对生猪生产流通过程进行监督，严格控制病死猪流入市场，保障百姓饮食安全。

2. 是保障养殖户养殖收益的有效手段

政策性生猪保险可以减少养殖户的收益风险，从而保障养殖户再生产能力，防止养殖户能灾害损失而无法继续再生产；政策性生猪保险可以防范养殖疫病风险，稳定养殖者的养殖信心，调动养殖者积极性，促进农民增收、社会和谐稳定。生猪养殖的趋势是规模化、标准化、集约化，这些都需要有巨大的投入。政策性生猪保险的保障作用可使养殖者有充足的信心扩大再生产，促进生猪养殖的产业化进程。

3. 是稳定生猪市场的有效机制

生猪生长周期长，养殖户对市场信息反应滞后，导致生猪价格出现周期性的波动，大大损害了养殖户的养殖利益，政策性生猪保险可有效稳定生猪价格，是生猪产业健康发展的一种长效机制；保障生猪市场健康发展、供应平稳、价格稳定、质量安全既对生猪养殖户有利，也对消费者有利，实现社会、养殖户与养殖户的多赢局面；政策性生猪保险对增强生猪市场抵御风险能力，提高产品竞争力也具有重要意义。还可以放大财政补贴资金使用效果，充分发挥社会和财政资源对农村配置的力度和效能。

---

① 数据来源：国家统计局

（二）我国生猪保险的发展演化

1. 我国政策性农业保险的发展演化

（1）1950—1958年是国营农业保险萌芽起步阶段。新中国成立后，国务院批准建立中国人民保险公司（人保），是新中国保险工作的开始。人保在1950年开展保险试点，试办牲畜保险，1951年开始试办棉花保险，我国农业保险开始起步。

（2）1959—1981年经历了全面停办阶段。由于当时农村保险工作中的混乱情况和一些难以解决的问题，1958年年底，政府决定停办国内所有保险业务，一直到1982年才重新恢复。

（3）1982—1993年为农业保险恢复发展阶段。改革开放之后，为了促进农业生产和农村经济的发展，政府决定恢复开展农业保险相关工作。1982年，国务院发布了《给予国内保险业务情况和今后发展意见的通知》，人保、新疆兵团保险公司等先后开展了农业保险试点，进行农业保险恢复和反思阶段。

在此期间，虽然行政干预过强带来了诸多负面影响，畜牧业保险仍迅速发展。承保的标的从最初的耕牛扩展到奶牛、猪、羊、鸡、鸭、鹅等。1987年，畜牧业保险从人保公司独家试办，进入了多种试办模式的阶段。

（4）1994—2003年为农业保险业务持续萎缩阶段。1994年我国开始税制改革，保险公司被要求实行新的财务核算体制，保险公司必须以追求盈利为目标，从效益和发展的角度出发，商业保险公司对风险大、亏损较严重的农业保险业务进行了战略性收缩，农业保险的规模和保费收入也逐年下降。

（5）2004年至今为政策性农业保险的蓬勃发展阶段。2004年中央一号文件首次提出"政策性农业保险"的概念，并选择部分地区和产品先行试点，在经济条件允许的试点地区可对参保的农户给予一定的保费补贴；2004—2006年，上海、吉林、黑龙江等省市地方政府对保费进行了补贴，取得了较好的效果；2007年，中央政府开始试点对保费进行补贴的政策，并不断扩大试点地区和险种。

2. 我国生猪保险的发展演化

2007 年 7 月，我国生猪养殖业困难重重，由于疫病、成本上涨等诸多因素导致了生猪出栏数量锐减、生猪价格持续攀升。为防止生猪价格过快上涨，保障市场供应和价格稳定，国务院出台了《关于促进生猪生产发展稳定市场供应的意见》，部署推进能繁母猪保险工作，建立能繁母猪保险制度。

2007 年 8 月，中国保监会下发了《关于建立生猪保险体系促进生猪生产发展的紧急通知》，明确了实施能繁母猪保险的保障责任，包括疫病、突发事故、自然灾害等，明确了能繁母猪保险保额、费率及各级政府补贴比例。人保、中华联合、安华、上海安信、阳光农业相互保险公司等保险公司迅速推进了能繁母猪保险业务。

与此同时，为使保险与防疫工作相结合，增强养殖户抗风险的能力，2007 年 8 月，保监会与农业部联合下发了《中国保监会、农业部关于做好生猪保险和防疫工作的通知》，在通知中明确提出，要完善保险与防疫协同推进的工作机制，采取有力措施，以确保政策性生猪保险和防疫工作同步取得实效，保险监管部门要充分发挥监管职能，兽医部门要进一步加强疫情防控，保险经办机构要进一步提高服务水平。

2007 年 9 月，针对能繁母猪保险推进过程中出现的新情况，保监会下发了《关于进一步贯彻落实国务院促进能繁母猪保险和生猪保险发展有关要求的通知》，要求尽快扩大生猪保险覆盖面，保险部门要缩短定损理赔时间，确保养殖户及时恢复生产。通过建立健全再保险安排等方式，控制经营风险，确保生猪保险可持续发展能力。这些要求进一步促进了能繁母猪和生猪保险工作的顺利实施。

2008 年初，中国保监会下发了《关于进一步加强能繁母猪保险工作有关要求的紧急通知》，通过对提高能繁母猪承保覆盖面作出要求，对政策性能繁母猪保险与生猪疫病扑杀政策的衔接等问题作出部署。

2008 年 2 月，财政部发布了《中央财政养殖业保险保费补贴管理办法》（简称办法），《办法》中列出了政策性能繁母猪保险保费补贴的地区、预算编制、预算执行及监控管理等具体事宜，提高了畜牧业生产风险保障措施的力度，为政策性畜牧业保险保费补贴管理体制的完善奠定了基础，也为能繁母猪保险工作的进一步发展夯实了基础。

2011 年 7 月，国务院召开有关会议，研究促进生猪产业持续健康发展的政策措施。会议要求强化对生猪养殖的保险支持，做好生猪保险工作，提高覆盖面。会议确定了除继续实行能繁母猪保险保费补贴外，每头能繁母猪给予 100 元补贴的措施。

2012 年 5 月，国务院出台《农业保险条例（征求意见稿）》，明确提出将生猪养殖保险归为农业保险，并给予营业税免税等相关财政政策的扶持，充分体现了国家对农业保险发展的支持。

2013 年 7 月底，财政部下发《关于 2013 年度中央财政农业保险保费补贴有关事项的通知》，扩大了育肥猪保险的保费补贴试点区域，增加福建、河南、广东、广西壮族自治区、新疆维吾尔自治区、大连等省市区和新疆生产建设兵团以及中央直属垦区；提高了政府保费补贴比例，地方财政至少补贴 30%，中央财政对中西部地区补贴 50%，东部地区补贴 40%，中央单位补贴 80%。

2013 年以来，我国多地区先后开展了生猪目标价格保险试点，初步积累了利用保险手段应对价格波动的经验。安华保险于 2013 年在北京市首次推出生猪价格指数保险，四川、山东、湖北、重庆、浙江、江苏、安徽等省市也陆续开展试点，并在理赔目标价格、保险周期等方面不断进行创新。

2014—2016 年连续 3 年的中央一号文件均提出了开展农产品目标价格保险试点，且 2014 年一号文件明确提出"探索粮食、生猪等农产品目标价格保险试点"，这为我国政策性生猪保险进一步的发展指明了方向。

2014 年 6 月，国务院再次提出"临时收储和农业补贴政策逐步向农产品目标价格制度转变"的改革方向。根据以往的经验来看，国家实行的冻猪肉收储政策仅是短期内抑制了猪价下跌，长期来看，不但扭曲了市场价格形成机制，还造成了国外进口猪肉价格的倒挂。因此，制定实施生猪目标价格保险制度，用市场作为价格的形成机制，将有利于稳定生猪价格，对促进生猪养殖健康发展，保证生猪养殖者的基本利益，保障我国食物安全具有重要意义。

三、国外政策性畜牧业保险的发展情况

农业保险最早在欧洲兴起，初始于承保冰雹灾害风险。但农业保险的真正发展是 20 世纪 40 年代以后，尤其是美国、加拿大、日本等国的农作物保险的开展，标志着农业政策性农业保险进入了一个新的发展阶段。当然，由于各国社会发展和经济背景不尽相同，其农业保险的发展模式也各具特点。

（一）德国

1791 年，德国建立了世界上最早的农业保险机构，最初承担农作物雹灾风险，之后牲畜保险、森林保险也陆续广泛开展（魏爱苗，2009）。德国农业保险公司是以农业合作社为基础建立起来的，开始仅是一种自愿的结合，即农民以及农业合作社为了抵御共同的风险，自发组织成立了保险合作社，而后逐步演化为公司，并逐渐向其他农民和企业开放。对于饲养的牲畜的承保范围，包括了可能出现的各种疫情以及各种自然灾害。畜牧业方面还有一种"动态财产险"，养殖户在投保时向保险公司申报牲畜的存栏数，在遭受保险条款中规定的自然灾害时就可获得相应的赔偿。这种赔偿是动态的，是根据动物的生长周期"自动调整"的。例如，保育猪和将要出栏的育肥猪，市场价格肯定不同。理赔数额由保险机构与养殖户事先有约定。条款中明确规定不同生产周期的不同赔偿额度。

（二）美国

美国的政策性农业保险以政府引导为主，商业保险机构操作，

联邦政府对农业保险进行保费补贴。美国农业保险经过不断改革，走出了一条"政府主导、商业运营、服务配套"的运营模式。这种运营模式提高了农户和保险机构参与的积极性，其特征明显：一是组织形式、经营形式灵活，各州可以自行确定具体保险的设置。二是自愿保险、强制保险与利益诱导相结合。美国发布的《1994年农作物保险改革法》中明确规定，农户若不投保政府规定的农作物保险，将不能享受如农户贷款计划、农产品价格支持计划等政府其他福利计划。三是农业保险的非营利性。为防止道德风险，联邦作物保险公司规定，农民自保25%的损失，公司赔偿75%（Wright et al，1990）。从保险公司长期经营情况看，保费收入与赔偿指数基本平衡，经营结果是不赢利的。若遇到严重的自然灾害，保险公司出现巨额赔偿时，国家财政补贴其全部管理费用。四是覆盖面广和险种多。目前，可承保的农作物已经有100多种，65%的农户投保了农作物保险（Calvin et al，1999）。

美国的农业保险以农作物保险为主。为了应对价格变化对养殖户造成的风险，保障畜牧业持续稳定发展，美国在21世纪初首先提出了畜牧价格保险制度，随后又建立了畜牧收益保险制度。价格保险制度承保的风险为市场价格风险（Burdine，2008；RMA.，2004，2008），区别于我国的政策性畜牧业保险的保牲畜死亡风险。保险合同到期时，若承保的牲畜出售价格达不到约定价格，保险公司负责赔偿其损失部分。畜牧收益保险制度是保障养殖户最终收益的一个风险管理方式，若养殖户因饲料价格、牲畜市场价格下跌而收益未能达到合同中规定的预期收益，保险公司负责赔偿养殖户损失。

（三）加拿大

1960年，加拿大开始举办政策性农业保险。农业保险由此成为最有效率和促进加拿大农业长期稳定发展的政策措施。

加拿大畜牧业尤其生猪养殖业较为发达。与美国相似，在我国的畜牧业保险还在承保因疫病、自然灾害、突发事件造成的死亡风险时，加拿大的畜牧业保险已开始承保因市场价格波动、汇率变化等引起的养殖户畜牧业经营风险、保障养殖户养殖收益的保险阶段。加拿大对畜牧业保险的政策性支持实行分级负责制，分为农业部和省两级保险局。加拿大畜牧业保险覆盖面积广，保险产品也呈现多样化和差异化。

北美地区畜牧业市场化统一程度较高，在美国推出畜牧收益保险制度不久，加拿大也推出了生猪价格保险计划（Risk Management Agency，2008）。在保险合同到期时，如果牲畜的销售价格低于合同约定的保障价格，投保人便可得到保险公司的相应赔偿。不过加拿大政府不对此保险提供保费补贴。

（四）日本

日本的农业保险制度始于 1948 年，1947 年日本将《农业保险法》和《家畜保险法》合并为《农业灾害补偿法》。根据该法，日本的农业保险组织包括三级机构。一是设在市、町、村一级或地区性的由农户组成的农业共济组合；二是在都（道、府、县）一级设有农业共济联合会，农林水产省经营局负责保险业务。农户向农业共济组合上交保费，共济组合将收取的保费以一定比例上交农业共济联合会，形成保险关系。共济联合会再向由农林水产省管理的农业保险专门账户上交一定比例的再保险金，形成再保险关系（龙文军，2013）。

日本的政策性畜牧业保险采取的是强制投保与自愿投保相结合的方式。对于关系国计民生和对养殖户收入影响较大的牲畜，国家实行强制保险即法定保险。凡是养殖数量超过规定数额的养殖户都必须参加保险，其余可选择性投保。政府为了减少养殖户的保险压力，对于参加畜牧业保险的养殖户，不论强制保险或自愿保险都可以享受保险费补贴。

日本的畜牧业保险建立了风险分散与安全保障机制，政府作为畜牧业保险的后盾，在农业联合会的全部管理费用以及农业共济组合部分管理费用由政府负担的同时，还接受农业共济组合联合会的再保险，并出资 50% 共同组建农业共济基金，发生巨灾赔付时，向赔偿基金不足的联合会提供贷款，并对农业共济团体免收相关税负（曹华政，2004）。

四、政策性生猪保险的国际比较分析及对我国的启示

（一）政策性生猪保险的国际比较分析

我国自 2007 年开展政策性畜牧业保险以来，虽在保障养殖户收益、稳定生猪市场等方面取得了一些成绩，但仍处于主要承保畜牧业可保风险阶段，与西方国家仍具有很大的差距。目前，国内的生猪保险品种单一，保险条款和保险产品不能满足生猪产业的发展需求。生猪保险条件要求高，保险责任范围窄，保障利益少，投保人处于不利地位。加之我国散户养殖比重大，成本意识缺乏，养殖效率低下，养殖知识不高，生猪死亡风险大，且存在较为突出的道德风险问题，保险机构的利益也不能得到有效保障。对比国外发达国家政策农业保险的发展情况，我国政策性生猪保险存在以下几个问题。

1. 畜牧业保险差异化水平不高

国外发达国家在发展农业保险制度的过程中都依据各国家经济、社会与畜牧业的发展实际形成了适合自己国家的保险模式。如美国、加拿大是政府主导模式、日本是政府支持下的合作互助模式等。我国在发展政策性畜牧业保险过程中，借鉴美国的农业保险运作模式，实施了以政府主导、政策补贴，商业保险公司运作的模式，也取得了一定的成绩，但此种保险模式仍然存在着一定的问题。我国不同地区间因经济发展程度、养殖方式、生产资料成本等因素参差不齐，各地区养殖风险管理水平必然也有较大差距，养殖户对保险品种的需求也有所不同，而我国当前的政策性畜牧业保险是在全国统一的框架下执行，不能满足养殖户需求的差异性。政策性畜牧业保险的发展不仅需要提供合理的保险产品，还要有明确的经营管理模式，

并规范管理市场，只有这样才能保障政策性畜牧业保险的良性发展。

2. 缺少巨灾风险转移机制

要加快政策性畜牧业保险的发展步伐，必须要建立完善的巨灾风险转移机制，保障保险机构的利益，提高承保积极性。但这需要在国家层面才能将问题解决，最终使巨灾问题得到有效分散。发达国家的巨灾保险转移机制都是在法律法规标准下执行的。美国的《农作物保险法》规定联邦作物保险公司可以购买再保险以规避巨灾风险，同时，也规定政府可以购买保险公司发行的债务融资，加拿大与日本等国也对巨灾风险有明确的法律规定与妥善安排。

3. 保险公司缺乏承保的积极性

生猪养殖是一种高风险的产业，特别是目前国内个体散户经营的大量存在，生猪养殖水平不高，养殖知识不足，卫生防疫保障不够，生猪的发病率和死亡率一直居高不下，这也导致了大量道德风险和逆选择问题。政策性生猪保险的高赔付率使商业保险公司对生猪保险趋之若鹜。专业人才的缺乏也是我国畜牧业保险的经营与发展的瓶颈之一。当前我国推行的政策性畜牧业保险的保额与保费是全国统一的，但由于我国区域的差异性，其保费的合理性也受到了养殖户的质疑，普遍存在着养殖户对保险公司不信任的现象。再者生猪养殖产业虽然总体上产能较高，但地域摊薄后平均到单位机构上的产能水平较少，这也严重影响了保险公司的积极性。

4. 养殖户对生猪保险有效需求不足

相比于发达国家的畜牧业养殖，国内生猪养殖户养殖规模较少，边际成本高，加之风险意识不足，往往不愿意或者无力购买生猪保险，而由自己承担风险损失。生产者保险意识不高，并且保险条款和保险产品单一，不能适应新形势下生猪养殖产业的发展和需求，出险后保险公司理赔程序复杂，保险从业人员严重不足，缺少与养殖户有成效的沟通，导致养殖户往往积极性不高。

（二）国外政策性农业保险发展经验对我国的启示

各国政府为了推广畜牧业保险，在法律法规、政策补贴、税收等方面给了大力的支持，如建立完善的灾害补偿法律体系、建立专门的政策性畜牧业保险机构、由政府主导和实施政策性畜牧业保险计划、政府以一定的出资比例建立初始资本和准备基金、为保险供需双方提供相应的政策补贴，并对政策性畜牧业保险提供免税政策、建立再保险等巨灾风险分散机制等。从保险机构角度来说，由于政府在政策上的支持，保险品种不断丰富创新，逐步扭转了传统的政策性畜牧业保险亏损的局面。这些都是发达国家发展政策性畜牧业保险的宝贵经验，并给予我国一定的启示。

1. 加快农业保险的相关立法

政策性农业保险的有效实施是通过法律形式来建立起合同关系的，因此，法律保障是推动其顺利开展的基本前提。我国已制定了《中华人民共和国保险法》并以此作为保险行业准则，但此法的针对对象是商业性保险，对于政策性农业保险并不特别契合。2013 年 3 月 1 我国开始实行新制定的《农业保险条例》，但在应用方面并不理想，并且对于当前农业保险产品单一以及保费补贴等亟待解决的问题也未作出明确的规定，其保障作用并未充分发挥。而像美国、加拿大、日本、欧盟等国家和地区，都制定了明确的法律规定来推动政策性农业保险的发展，对于参与主体的权利、义务、赔偿方式等都作了明确的规定。

2. 建立健全组织机构

美国的农业保险由美国农业部的风险管理局负责制定法规，提供政策支持，经过长期的发展和体制机制改革，美国的农业保险从立法、政策研究、组织机构设置、品种研发、产品销售、统计、定损、资料收集以及保险宣传、推广等，形成了一个完成的组织体系，这也是美国农业保险运营高效、对农户保障有力的重要的体系保证。而我国与之相比，还有很大的差距。建议在国家层面成立一个专门办事机构负责组织、协调和管理全国的农业保险工作，加强顶层设计，统筹农业保险的制度设计、产品研发、保费补贴管理以市场监督等工作；构建涵盖多部门、多层级的农业保险组织管理体系，负责保险实施过程中各项工作的组织、协调和管理。明确农业保险实施过程中省、市、县级相关部门的机构职责、人员配置、工作规范和各部门的协调机制。

3. 建立再保险等巨灾风险转移机制

通俗讲，再保险即保险中的保险，是分散和分担保险机构风险损失的一个重要措施，也是确保政策性农业保险持续健康发展的有效途径，设立的风险基金可备巨灾之年使用。美国和加拿大等发达国家都设立了较为完善的再保险和救济基金制度，保证在发生严重风险时确保农业生产的顺利进行。我国在再保险方面还处在初级阶段，发展空间巨大，因此，急需建立政策性再保险机构，确保对原保险经营机构的补偿及引导作用。

4. 扩大政策性畜牧业保险品种和覆盖面

目前，我国的政策性畜牧业保险大多是以保死亡风险的生产保险，这种单一的生产保险无法应对投保时养殖户的逆向选择以及道德风险问题。另外，由于受市场供需及自然环境等的影响，畜产品市场价格波动频繁，仅以目前施行的政策性保险难以保障养殖户在价格波动时的经济损失。所以，在目前我国农业经济发展势头良好，政策性畜牧业保险已经发展到一定程度、具备一定规模的条件下，必须进行政策性畜牧业保险产品的创新和研发。首先，为了降低道德风险和逆向选择等问题，在推广养殖户个体保险的同时，研究开发区域性保险产品，考虑根据县域或直接采用风险单元来作为投保对象；其次，可以试行收益类保险产品，如实施目标价格保险等产品，减少由于畜产品市场价格波动剧烈而对养殖户造成的损失，有效降低畜产品的市场风险。结合我国各区域经济发展实际情况，可以在经济实力较强的地区对收益保险产品进行试点，补偿养殖户由于市场价格波动而受到的损失。这也是现阶段美国、加拿大等发达国家努力探索的一种新型保险产品，与传统型的风险可保类保险产品相比，这些产品有非常明显的优势，也是对传统农业保险产品的补充，可以避免逆向选择、降低经营成本，且理赔迅速，有效保障养殖户的生产收益。

五、本章小结

（1）畜牧养殖业尤其是生猪养殖对保障我国食物安全具有重要意义，随着土地资源紧张、环保要求提高等制约因素的显现，如何使我国畜牧养殖业向现代化发展，使畜牧业成为农业经济发展的重要动力、促进农民增收、保障国家粮食安全，是我们亟待解决的问题。

（2）政策性生猪保险在保障我国生猪养殖业健康发展上发挥了巨大作用，主要体现在保障我国粮食安全，维护养殖户养殖收益以及保障我国畜产品市场供给等方面。

（3）通过借鉴国外发达国家农业保险的发展经验，对比我国政策性畜牧业保险的发展现状，还存在畜牧业保险制度不够清晰、缺少巨灾风险转移机制、保险公司缺乏承保积极性以及养殖户的有效需求缺乏等问题。因此，建议加快我国农业保险的相关立法、建立健全组织机构、建立再保险制度及巨灾风险转移机制、扩大政策性保险品种及覆盖面等。

第四章 养殖户生猪保险参保意愿和行为的影响因素分析

养殖者在生产过程中不但面临着自然灾害的风险，还要经常面对疫病以及畜产品的市场价格波动、食品安全等的风险，每一种风险都会对畜牧养殖业的发展带来巨大的挑战，并给养殖者造成巨大的损失，特别是现阶段我国畜牧业多为小规模经营或散户经营、养殖技术不高、管理水平较弱，因此，加强畜牧业的风险管理、选择合理的风险管理工具就更加必要。2007 年国家开始试点推行的政策性畜牧业保险作为养殖户规避养殖风险的一种重要手段，对保障养殖户养殖利益，维护畜产品市场供应稳定提供了巨大保障。

现行的政策性畜牧业保险是针对养殖者投保的牲畜由于死亡引起的损失进行事后补偿的一种手段，我国各地基本都已开展了此项保险业务，在保障养殖户收入方面也有着积极的作用。但当前政策性畜牧业保险的保障畜种主要是奶牛、能繁母猪、育肥猪等，保险产品较为单一，赔付额度不高，即使是初步开始试点的生猪目标价格保险也仅仅是在部分省市部分地区的部分养殖大户间试点，难以满足我国广大养殖户的有效需求。我国政策性生猪保险发展缓慢，距离形成有效的现代畜牧业风险管控机制还有很长的路要走，如何解决这些问题也早已引起相关部门的高度重视，许多学者也为如何更好地开展政策性畜牧业保险做了大量的研究和探索工作（宁满秀等，2005；陈妍等，2007；张跃华等，2007）。根据前文的文献综述表明，我国大多数政策性畜牧业保险的相关研究主要集中在探讨发展模式、发展对策及制度建议等方面，对于养殖户对政策性畜牧业保险需求的影响因素的实证研究上很少涉及，在生猪目标价格保险方面国内学者的相关研究更是仅处于摸索、起步阶段。已有的相关研究主要侧重于生猪目标价格保险的可行性分析、国际经验分析、发展障碍及制度建议等的理论分析，缺乏对生猪养殖场（户）等的一线调研，对于养殖场（户）购买意愿、保险推广潜力等缺乏实证研究，对我国目标价格保险从顶层设计到具体施行的相关机制也没有形成一致意见。而国内外已有的研究成果也表明，畜牧业保险的有效需求不足是阻碍政策性畜牧业保险快速发展的原因之一（Knight and Coble，1979；庹国柱和王军，2002；Glauber and Collins，2002；Makki and Somwaru，2001）。

基于此，本研究以江苏省盐城市，河南省新郑市、开封市的养殖户为研究对象，结合对北京、上海、山东、四川等省市政府、保险机构、养殖户关于生猪目标价格保险、蔬菜价格指数保险、牛奶价格保险的调研座谈，实证分析养殖户购买畜牧业保险意愿的决策因素，研究结果将有助于推动我国政策性畜牧业保险的良性发展，并为国家制定相关的制度和决策，提供理论和现实依据。

一、调研地区生猪保险实施概况

（一）河南省生猪保险实施概况

河南省是我国生猪养殖大省，出栏量仅次于四川省排名第二，生猪养殖收入在农民家庭收入中占有很大比重。河南省 2007 年开始推行能繁母猪保险，是我国最早开展能繁母猪保险试点的省份之一，保险开展之初，先由人保公司承保首批的 10 个养猪大县。待试点工作进一步推开后，再由人保公司和中华联合共同开展全省的能繁母猪保险工作。保险金额为每头 1 000 元，保费为 60 元/头，其中，中央及地方各级政府补贴 80%，养殖户自负 20%。在对投保养殖户的门槛要求方面，能繁母猪存栏量要达到 30 头以上，未达到此规模的，可以通过专业合作组织或以村、乡为单位，以统保方式参加保险（政府网站，http：//www.circ.gov.cn/web/site10/tab597/Info51249.htm）。在保险责任上，根据河南的实际情况，增加了猪流行性乙型脑炎、猪传染性萎缩性鼻炎和猪细小病毒病 3 种疾病。2013 年开始在济源市试点育肥猪政策性保险，并逐步在全省推开。育肥猪保费 30 元/头，各级财政补贴 80%，养殖户自缴 20%。保险期内因保险条款中规定的原因造成死亡的，最高可获得 500 元的赔付补偿。2015 年全省 90 个县（市、区）开展了育肥猪保险保费补贴，共投保育肥猪 1 342.14 万头，理赔金额接近 2 亿元（河南日报，2016 年 2 月 2 日）。河南省还将政策性生猪保险与疫病防控、病死猪无害化处理等工作统筹推进。根据保险条款要求，养殖户必须将病死猪进行无害化处理，才能享受到保险理赔和无害化处理补贴，这种联动措施的施行杜绝了病死猪随意处理现象，保障了食品安全。

（二）江苏省生猪保险实施概况

在能繁母猪保险的施行上，江苏省以《江苏省政策性农业保险能繁母猪猪养殖保险条款》为依据，规定对能繁母猪的保费补贴不低于 80%，对于年投保超过 5 万头的县，省财政将追加 10% 的保费补贴。每头能繁母猪保费 60 元，补贴 48 元，养殖户 12 元，最高赔付 1 000 元/头。部分保险公司根据能繁母猪养殖特性，开辟了理赔绿色通道，简化理赔手续，提高了理赔效率。各地还大力推进使用 "一折通" 支付理赔款（马波，2012）。在育肥猪方面，江苏省制订了《江苏省政策性农业保险育肥猪养殖保险条款》，育肥猪每头保障金额由养殖户与保险公司按照投保同一时期当地价格的 6 折确定，并且保额最高不超过 400 元。投保数量以当年累计存栏数确定，且必须确定投保存栏数，若累计存栏数低于投保存栏数的 2.5 倍，累计存栏数按 2.5 倍计算。

2014 年 12 月，太平洋财险开发了 "江苏省生猪价格指数保险" 并推行，养殖户参与投保需满足 3 个条件：一是养殖的品种在本地饲养 2 年（含）以上；二是年出栏量在 500 头以上；三是投保人应账册齐备，能够提供规范的养殖档案或饲养记录（沈农保，2015）。首张保单出自江苏省淮安市。江苏省根据历年生猪养殖盈亏平衡点进行分析测算，将生猪价格指数保险的猪粮比价设为 5.8∶1。保险金额设 600 元/头、800 元/头和 1 000 元/头三档，保险费率为 5%，省级财政保费补贴按苏南 20%、苏中 30%、苏北 50% 的标准执行。按照条款规定，出栏月当期猪粮比低于 5.8：1 时，保险公司应立即启动理赔程序，养殖场户提供当期生猪出栏证明及相关销售证明材料后，在 10 日内完成赔偿。保险合同在不同价格波动情形下采用不同的赔偿比例系数，猪粮比价在 5.3～5.8 时为 60%，4.8～5.3 时为 80%，小于 4.8 时按保险金额赔偿（农民日报 孙溥，2015 年 1 月 8 日）。

从各国畜牧业保险的实施方式来看，当前畜牧业保险的类型主要有两种：保养殖风险为主（自然灾害、疫病、突发事故等造成的牲畜死亡）的畜牧业保险和保市场风险为主的畜牧业保险。以上 2 种类型针对不同的风险而设定，而我国养殖户对于以上两种保险的需求如何有待研究。

二、样本特征与模型变量选择

（一）样本分布

本文数据来源于对江苏、河南 2 省的生猪养殖户调研。调研区域包括江苏省盐城市阜宁县（包括三灶镇、合利镇、吴滩镇）和淮安市（包括徐溜镇、棉花庄镇、吴集镇），河南省的新郑市（包括观音寺镇、梨河镇）、开封市祥符区（包括万隆镇、朱仙镇）、开封市杞县（包括于镇、付集镇）两省五个（县）市的 12 个乡镇。2 省实际收回问卷合计 450 份，剔除缺失、有误及极端样本，最终剩余有效样本 428 份。

样本在不同地区之间的分布，如表 4-1 所示，样本在 2 省之间的分布相对平均，分别占到总样本的 50% 左右，其中，河南省的样本稍多（占到总样本的 53.98%）。阜宁县、淮安市、新郑市、开封市、杞县的样本占总样本的比例分别为 21.96%、24.07%、9.35%、20.56%、24.07%。

表4-1　样本的地区分布

	江苏省		河南省		
	阜宁县	淮安市	新郑市	开封市	杞县
样本数	94	103	40	88	103
占总样本比例	21.96%	24.07%	9.35%	20.56%	24.07%

注：数据来源于对江苏、河南两省的实地调研

（二）样本的基本特征

1. 养殖户的个人特征

本次调查样本中，有效调查人数为428人，其中，男性样本偏多（353人），占总样本的82.48%。本次调查对象的年龄主要集中在36~65岁，占到总样本的81.08%，其中，在46~55岁这个年龄段的样本最多，大约占到总样本的36%。本次调查对象的教育水平主要集中在初中、高中或中专这两个层次，大约占到总样本的80%，学历在小学以下和大专及以上的人数均较少，分别只占到总样本15.66%和4.34%。本次调查对象中，有过外出务工经历的养殖户相对较少，仅占到总样本的28.27%。

2. 养殖户的家庭特征

本次调查的养殖户中，家庭规模主要集中在4人和5人以上，这两部分样本大约占到总样本的85%。在本次调查的养殖户中，家庭收入存在一定的两极分化，家庭收入较低和家庭收入较高的养殖户在总样本中均占到较大的比例，家庭收入在3万元及以下的占到总样本的27.57%，家庭收入在12万元以上也占到总样本的28.04%（表4-2）。

表4-2　受访者的基本统计特征

变量名	变量解释	频数（人）	有效比例（%）
性别	男	353	82.48
	女	75	17.52

变量名	变量解释	频数（人）	有效比例（%）
	35 岁及以下	45	10.51
	36~45 岁	92	21.5
年龄	46~55 岁	153	35.75
	56~65 岁	102	23.83
	65 岁以上	36	8.41
	小学及以下	65	15.66
受教育程度	初中	216	52.05
	高中或中专	116	27.95
	大专或本科	18	4.34
是否具有外出务工经历	无	307	71.73
	有	121	28.27
	1~2 人	21	4.91
家庭规模	3 人	42	9.81
	4 人	109	25.47
	5 人以上	256	59.81
	3 万元及以下	118	27.57
	3 万~6 万元	87	20.33
家庭收入	6 万~9 万元	53	12.38
	9 万~12 万元	50	11.68
	12 万元以上	120	28.04

注：数据来源于对江苏、河南两省的实地调研

（三） 模型变量选择

国内外学者对于影响农户投保意愿和行为的研究上，一般都会根据农户的个人基本特征以及种植、养殖的相关情况来确定设置变量。因为，农户作为一个理性的经济人，其自身具有的基本特征如学历、年龄、家庭情况等因素对于其是否选择投保具有很强的主观作用；而其种植、养殖的实际情况以及经济水平、社会文化因素等，对影响其投保意愿和投保行为又具有很强的客观作用。如 Knight（1997）等学者通过分析得出农业保险的参保率是与经营规模成正相关的结论。Moschinl 和 Hennessy（2001）认为，农户对待风险的认知程度决定其

是否愿意购买保险。Malini（2011）研究发现，农业保险对家庭收入水平较低的农户的边际效用更大。Serra 和 Goodwin 等（2003）研究发现，随着农户家庭收入的增加，农户购买农业保险的意愿下降和有效需求降低。Vandeveer（2001）通过 Logit 模型进行实证分析，研究表明，影响农户投保的主要因素包括个人特征、经济特征、家庭特征、保险条款以及生产波动程度与风险程度等。

因此，通过归纳借鉴国内外学者的研究情况，结合实地调研的经验，在对影响投保意愿的变量上，选择性别、养殖户的年龄、文化程度、是否具有外出务工经历、生猪养殖年限、生猪养殖规模、养殖收入比例、风险对生产经营的影响程度、对生猪保险的了解程度作为研究变量；在对影响投保行为的变量上，选择家庭收入生猪养殖规模、大型疫病发生概率、疾病、疫病等自然风险对养殖户的影响程度、对保养殖风险的生猪保险的了解程度、对农业保险公司的信任程度、风险偏好作为研究变量。选择的变量包含了养殖户个人及其家庭的主要特征，主要的养殖状况以及经济、市场因素等。

三、养殖户的参保意愿及其影响因素

（一）养殖户的参保意愿

1. 养殖户对保养殖风险的生猪保险的参保意愿

所谓保养殖风险的生猪保险即为现行的在各地较为普及的政策性能繁母猪保险和育肥猪保险。养殖户对保养殖风险的生猪保险的参保意愿分为 6 个选项，1~6 选项分别表示"不愿意购买""有点愿意购买""一般""比较乐意购买""非常乐意购买""说不清楚"。从图 4-1 中可以看出，养殖户对现行生猪保险的参保意愿较高，表示不愿意购买生猪保险的养殖户仅占到总样本的 5.94%，并且超过 68% 的养殖户都表示比较甚至非常乐意购买生猪保险。此外，还有大约 5% 的养殖户对生猪保险的态度不明晰。

2. 养殖户对保市场风险的目标价格保险的参保意愿

养殖户对保市场风险的目标价格保险的参保意愿同样分为 6 个选项，1~6 选项分别表示"不愿意购买""有点愿意购买""一般""比较乐意购买""非常乐意购买""说不清楚"。从图 4-1 中可以看出，与保养殖风险的生猪保险相比，养殖户对保市场风险的目标价格保险的参保意愿明显下降。明确表示不愿意购买生猪目标价格保险的养殖户占到总样本的 21.26%，而表示比较乐意和非常乐意购买生猪目标价格保险的养殖户，仅分别占到总样本的 23.19% 和 15.94%。此外，还有大约 12% 的养殖户对生猪目标价格保险的态度不明晰。

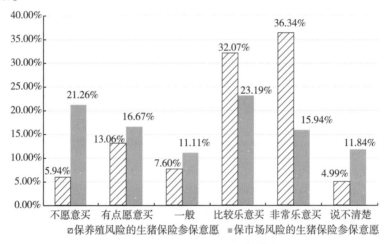

图 4-1 受访者的生猪保险参保意愿

出现这种现象，一方面，可能是因为当前生猪目标价格保险的普及程度明显低于保养殖风险的政策性生猪保险，养殖户对生猪目标价格保险的认知度较低，养殖户对不了解的事物会持相对保守的态度；另一方面，很多较小规模的养殖户由于商品化程度和市场参与度并不高，这部分养殖户对保市场风险的生猪目标价格保险的需求可能也就比较低；再一方面，保险公司对于生猪目标价格保险的投保门槛要求较高，且担心由于生猪市场价格大幅波动的系统性风险带来的高赔付，往往只承担一定数量的标的，在宣传生猪保险时也仅向某些大型规模户宣传，这导致了普通养殖户对生猪目标价格保险的了解程度较低。

（二）养殖户参保意愿的影响因素

1. 模型设定

为排除模糊态度给模型估计带来的偏差，本章节养殖户生猪保险参保意愿删掉了对保养殖风险的生猪保险参保意愿为"说不清楚"和对保市场风险的目标价格保险参保意愿为"说不清楚"的这一选项，只保留"不愿意购买""有点愿意购买""一般""比较乐意购买""非常乐意购买"这 5 个选项，分别用 1~5 分表示。由于参保意愿是 1~5 分打分变量，本文选择有序 Logit 模型对其进行分析，模型设定如下。

假设 $y^* = x'\beta + \varepsilon$，$y^*$ 不可观测，而选择规则为：

$$y = \begin{cases} 1, & y^* < \mu_1 \\ 2, & \mu_1 < y^* < \mu_2 \\ \vdots & \quad\vdots \\ 5, & y^* > \mu_4 \end{cases} \tag{4-1}$$

其中，y^* 是 y 背后存在不可观测的连续变量，称之为潜变量，$\mu_1 < \mu_2 < \cdots < \mu_4$ 称为切点，均为待估参数。

2. 变量设置与描述

表 4-3 是养殖户生猪保险参保意愿影响因素模型的变量设置和描述性统计分析。从表 4-3 中可以发现，剔除参保意愿为"说不清楚"的这一选项，只保留"不愿意购买""有点愿意购买""一般""比较乐意购买""非常乐意购买"这 5 个选项。养殖户对保养殖风险的生猪保险参保意愿的均值为 3.84，明显高于养殖户对保市场风险的目标价格保险参保意愿的均值，养殖户对保市场风险的目标价格保险参保意愿的均值为 2.95。

表 4-3 模型变量的名称、含义及统计特征

	变量名称	变量含义	模型 1（obs＝400）		模型 2（obs＝365）	
			均值	标准差	均值	标准差
因变量	参保意愿	1＝不想买；2＝有点愿意买；3＝一般；4＝比较乐意买；5＝非常乐意买	3.84	1.25	2.95	1.46
自变量	性别	0＝男；1＝女	0.17	0.38	0.17	0.38
	养殖户的年龄	实际值（岁）	49.60	10.20	49.56	10.10
	文化程度	1＝小学及以下；2＝初中；3＝高中或中专；4＝大专或本科	2.22	0.76	2.22	0.77
	是否具有外出务工经历	0＝否；1＝是	0.28	0.45	0.26	0.44
	生猪养殖年限	养殖年限（年）	11.90	7.49	11.76	7.28
	生猪养殖规模	生猪存栏数量（头）	256.24	639.51	277.36	676.96
	养殖收入比例	生猪养殖收入占家庭总收入的比重	0.64	0.46	0.64	0.47
	风险对生产经营的影响程度①	1＝没有影响；2＝影响较小；3＝影响一般；4＝影响较大；5＝影响很大	4.00	1.25	4.20	1.09
	对生猪保险的了解程度②	1＝没听说过；2＝听说过，但不了解；3＝有一点了解；4＝比较了解；5＝很了解	2.82	1.03	1.54	0.87

注：①数据来源于对江苏、河南两省的实地调研；②这里 2 个模型（模型 1 和模型 2）的样本数量均不足 428 份是因为删掉了参保意愿为"说不清楚"的这一选项，以剔除模糊态度给模型估计带来的偏差

　　超过 80% 的受访者为男性，样本的年龄均值大约为 50 岁，文化程度总体不高，具有外出务工经历的养殖比例同样不高，大约仅占到总样本的 28%。样本养殖户生猪养殖年限的均值超过 11 年，相当一部分养殖户都具有较长的养猪年限。样本养殖户生猪养殖规模的均值超过 250 头，总体养殖规模相对较大。样本养殖户生猪养殖收入占家庭总收入的比重大约在 64% 左右，说明养殖户有相当一部分家庭收入主要来自于生猪养殖。

　　风险对养殖户生产经营的影响程度是 1～5 分打分变量，1～5 分别表示没有影响、影响较小、影响一般、影响较大和影响很大。在

① 模型 1 中的风险是指疾病、疫病等自然风险；模型 2 中的风险是指生猪价格波动等市场风险
② 模型 1 中的保险了解程度是指对保养殖风险的生猪保险的了解程度；模型 2 中的保险了解程度是指对保市场风险的目标价格保险的了解程度

模型1中，样本养殖户认为疾病、疫病等自然风险对其生产经营的影响程度较大，影响程度的均值为4；同样，在模型2中样本养殖户认为生猪价格波动等市场风险对其生产经营的影响程度较大，影响程度的均值为4.2。

养殖户对生猪保险的了解程度是1~5分打分变量，1~5分别表示没听说过、听说过但不了解、有一点了解、比较了解和很了解。在模型1中，样本养殖户对保养殖风险的生猪保险的了解程度总体不高，了解程度的均值为2.82；但在模型2中，样本养殖户对对保市场风险的生猪目标价格保险的了解程度更低，了解程度的均值仅为1.54，相当一部分养殖户基本不了解，甚至没听说过生猪目标价格保险。

3. 模型1：养殖户对保养殖风险的生猪保险参保意愿的影响因素

从表4-4中可以发现，生猪养殖收入占总收入比重以及对保养殖风险的生猪保险的了解程度显著影响养殖户对保养殖风险的生猪保险的参保意愿。

生猪养殖收入占总收入的比例越高，养殖户对对保养殖风险的生猪保险参保意愿越高。生猪养殖收入占总收入比重的上升意味着养殖户生猪养殖的专业化程度提高，生猪养殖在家庭生产中的地位变得更加重要，对稳定家庭收入的作用变得更为巨大。因此，随着生猪养殖收入占总收入比重的上升，养殖户对保养殖风险的生猪保险的参保意愿提高。

相较于参照组"没听说过保养殖风险的生猪保险"的养殖户，表示对保养殖风险的生猪保险"比较了解"和"很了解"的养殖户，对保养殖风险的生猪保险参保意愿明显较高。对保养殖风险的生猪保险的了解程度提高意味着养殖户对生猪保险的保费缴纳、赔付标准、保险责任、免赔条款等了解加深，这有利于降低养殖户对生猪保险的误解和偏见，增强养殖户对生猪保险必要性和重要性的认知。因此，随着对保养殖风险的生猪保险了解程度的提高，养殖户对保养殖风险的生猪保险的参保意愿提高。万珍应（2009）、张海洋等（2010）、闫丽君（2014）等学者对生猪保险参保意愿的研究得出类似结论。

4. 模型 2：养殖户对保市场风险的目标价格保险参保意愿的影响因素

从表 4-4 中可以发现，养殖户的受教育程度、外出务工情况、生猪养殖规模以及生猪价格波动等市场风险对养殖户生产经营的影响程度，显著影响养殖户对保市场风险的生猪目标价格保险的参保意愿。

随着养殖户受教育程度的提高，养殖户对保市场风险的目标价格保险的参保意愿提高。当前，保市场风险的目标价格保险仍处于试点状态，并未广泛普及，而受教育程度越高的养殖户越容易学习或者了解新技术、新知识，他们对新型目标价格保险的认知可能相对深入、相对客观，对保市场风险的目标价格保险的参保意愿也就可能较高。

具有外出务工经历对养殖户保市场风险的目标价格保险的参保意愿产生显著的负向影响。具有外出务工经历意味着养殖户拥有一部分非农收入，一旦生猪市场价格波动给生猪养殖造成损失，这部分非农收入可以用来稳定收入和平滑消费。因此，如果具有外出务工经历，养殖户对保市场风险的目标价格保险的参保意愿可能下降。

生猪养殖规模用养殖户的存栏数量来表示，生猪养殖规模越大，养殖户对保市场风险的目标价格保险的参保意愿越高。生猪养殖规模的扩大意味着养殖户的商品化程度和市场参与度提高，生猪市场价格波动等市场风险将给这些大规模养殖户带来更大的威胁和压力，为了应对这些威胁和压力，养殖户对保市场风险的目标价格保险的参保意愿提高。同样的，与参照组"生猪市场价格波动等市场风险对养殖户生产经营没有影响"的养殖户相比，表示生猪市场价格波动等市场风险对养殖户生产经营"影响较大"和"影响很大"的养殖户，对保市场风险的目标价格保险的参保意愿明显较高，即随着生猪市场价格波动等市场风险对养殖户生产经营影响程度的增强，养殖户对保市场风险的目标价格保险的参保意愿提高。

表4-4　生猪保险参保意愿影响因素模型的估计结果

	模型1：保养殖风险的生猪保险的参保意愿		模型2：保市场风险的目标价格保险的参保意愿	
	Coef.	Robust Std. Err.	Coef.	Robust Std. Err.
性别	−0.0110	0.3193	0.3515	0.2745
年龄	0.0173	0.0128	0.0095	0.0122
受教育程度：参照组为小学及以下				
初中	0.2143	0.3147	**1.0338***	0.3638
高中或中专	0.0822	0.3305	**1.2723***	0.3789
大专或本科	−0.0957	0.7146	**1.2034***	0.6250
具有外出务工经历	0.2146	0.2561	**−0.7703***	0.2458
生猪养殖年限	0.0166	0.0155	−0.0043	0.0150
生猪养殖规模	0.0002	0.0003	**0.0003***	0.0001
养殖收入比例	**0.3188***	0.1814	0.2942	0.2565
风险对生产经营的影响程度：参照组为没有影响				
影响较小	0.1841	0.6815	−0.0790	1.0978
影响一般	−0.2276	0.6883	0.5425	0.5949
影响较大	−0.1982	0.6388	**0.9079***	0.4614
影响很大	0.5606	0.6292	**0.8983***	0.4380
对生猪保险的了解程度：参照组为没听说过				
听说过，但不了解	0.0313	0.4620	−0.0108	0.2496
有一点了解	0.5255	0.4301	0.1423	0.2836
比较了解	**1.1196***	0.4648	0.2850	0.7802
很了解	**3.1290***	0.8398	−0.5990	0.7576
	Wald chi2 (18) = 46.11 Prob>chi2=0.0002		Wald chi2 (18) = 34.70 Prob>chi2=0.0068	

注：①数据来源于对江苏、河南两省的实地调研；② ***，**，* 分别表示1%，5%，10%的统计显著性水平

四、养殖户的参保行为及其影响因素

当前在部分地区已经开始某一类型的政策性畜牧业保险的试点，考察保险试点地区养殖户的参保行为及影响其决策的因素，对于畜牧业保险的顺利开展与扩大推广非常重要。在市场经济条件下，养殖者皆为理性经济人。如果不考虑风险偏好，养殖户是否购买政策性畜牧业保险的一个关键原因在于保险所能带来预期利润。而在考虑养殖户风险偏好的情况下，养殖户是否购买畜牧业保险则是通过对预期利润与保费投入成本进行比较的结果，即养殖户会依据政策性畜牧业保险带来的预期利益来进行决策是否购买保险。当然，在该效用计算中包含了养殖户的风险偏好信息，因此，其决策结果可能与不考虑风险偏好的情况有很大不同（风险中性的情况例外）。此外，养殖户最终是否购买政策性畜牧业保险还会依据养殖户自身的经济水平、养殖规模、风险意识等多种因素来最终决定，以达到投保后能产生的预期效用最大化的目标。

（一）养殖户的参保行为

养殖户的生猪保险参保行为用 0 和 1 表示，0 表示没有参加生猪保险，1 表示参加生猪保险。从图 4-2 可以看出，能繁母猪保险的参保人数为 294 人，占样本总体的 68.69%；育肥猪保险的参保人数为 211 人，占样本总体的 49.3%。通过对比分析不难发现，农户对能繁母猪参保具有更高偏好。

出现这种现象的一个可能的原因，是能繁母猪保险开始试点的时间较早，在各地的推广实践时间也较早，养殖户对能繁母猪保险的认知相对较高；另外一个可能的原因，是由于能繁母猪在整个生猪养殖过程中处于开端（育种）的重要位置，相较于育肥猪保险对投保户的养殖规模限制较高，在相当一部分地区能繁母猪的参保的门槛较低，在本次的调研过程中，甚至发现在一部分地区能繁母猪保险实施的是"应保尽保"的政策。

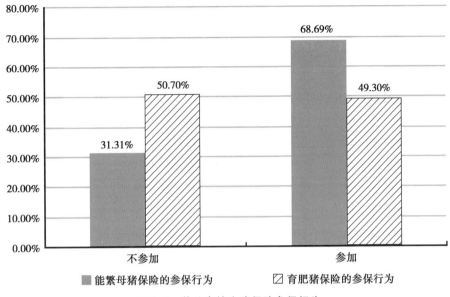

图 4-2 养殖户的生猪保险参保行为

（二）养殖户参保行为的影响因素

1. 模型设定

养殖户的生猪保险参保行为用 0 和 1 表示（0=没有参保，1=参保）。这种仅有 2 种选择的被解释变量在计量经济学模型中被称为二元（离散）选择模型。常用的二元选择模型包括线 Logit 模型、Probit 模型和性概率模型。依据效用最大化理论进行选择，具有极限值的逻辑分布是一相对来说比较适合的选择，它所对应的二元选择模型为 Logit 模型。因此，本研究中采用 Logit 模型进行实证分析。

设定养殖户选择购买保险 yi=1 的概率为：

$$P(y_i = 1) = P(y_i > 0) = P(\mu_i^* > - X_i B) \qquad (4-2)$$

Logit 模型是将逻辑分布作为式（4-2）中 μi * 的概率分布推导得到的，因变量取值范围在 [0, 1] 内，Logit 具体函数表达式为：

$$P = F(\alpha + \sum_{i=1}^{m} \beta_i x_i) = \frac{1}{\{1 + \exp[-(\alpha + \sum_{i=1}^{m} \beta_i x_i)]\}} \qquad (4-3)$$

根据式（4-3），得到：

$$\ln \frac{P_i}{1 - p_i} = \alpha + \sum_{i=1}^{m} \beta_i x_i \qquad (4-4)$$

在式（4-4）中，P_i 表示个体作出某一特定选择的概率，x_i 表示影响第 i 个养殖户是否购买畜牧业保险的影响因素，α 表示模型的回归截距；m 表示影响这一概率的因素个数，β_i 表示第 i 个因素的回归系数。

2. 变量设置与描述

表 4-5 是养殖户生猪保险参保行为影响因素模型的变量设置和描述性统计分析。从表 4-5 中可以发现，参加能繁母猪保险的养殖户比例大约为 69%，参加育肥猪保险的养殖户比例大约为 49%。

表 4-5　模型的变量名称、含义及统计特征

	变量名	变量含义	均值	标准差
因变量	模型 3：能繁母猪参保行为	0=没有购买保险；1=购买保险	0.69	0.46
	模型 4：育肥猪参保行为	0=没有购买保险；1=购买保险	0.49	0.50
自变量	家庭收入	家庭年均收入（元）	111 132.30	222 952.80
	生猪养殖规模	能繁母猪存栏数量（头）	18.00	37.88
		育肥猪存栏数量（头）	216.09	969.76
	大型疫病发生概率	近 5 年来因疾病疫情等原因导致猪阶段性死亡 30% 以上的情况（次）	0.97	1.45
	疾病、疫病等自然风险对养殖户的影响程度	1=没有影响；2=影响较小；3=影响一般；4=影响较大；5=影响很大	4.01	1.25
	对保养殖风险的生猪保险的了解程度	1=没听说过；2=听说过，但不了解；3=有一点了解；4=比较了解；5=很了解	2.79	1.03
	对农业保险公司的信任程度	1=非常不信任；2=比较不信任；3=一般或中立；4=比较信任；5=非常信任	3.79	1.09
	风险偏好	1=非常厌恶风险；2=比较厌恶风险；3=一般或中立；4=比较偏好风险；5=非常偏好风险	2.53	1.50

注：①数据来源于对江苏、河南 2 省的实地调研；②这里 2 个模型（模型 3 和模型 4）的样本数量均为 428 份

样本养殖户的家庭年收入均值大约为 111 132 元。样本养殖户能繁母猪的存栏数量均值大约为 18 头，育肥猪的存栏数量均值大约为 216 头。平均来说，近 5 年来，因疾病疫情等原因导致样本养殖户所养的猪阶段性死亡 30% 以上的情况大约发生过 1 次。

疾病、疫病等自然风险对养殖户生产经营的影响程度是 1~5 分打分变量，1~5 分别表示没有影响、影响较小、影响一般、影响较大和影响很大。从表 4-5 可以看出，样本养殖户认为疾病、疫病等自然风险对其生产经营的影响程度较大，影响程度的均值为 4.01。

养殖户对保养殖风险的生猪保险的了解程度是 1~5 分打分变量，1~5 分别表示没听说过、听说过但不了解、有一点了解、比较了解和很了解。从表 4-5 可以看出，样本养殖户对保养殖风险的生猪保险的了解程度总体不高，了解程度的均值为 2.79。

养殖户对农业保险公司的信任程度是 1~5 分打分变量，1~5 分别表示非常不信任、比较不信任、一般或中立、比较信任和非常信任。从表 4-5 可以看出，样本养殖户对农业保险公司的信任程度相对较高，信任程度的均值为 3.79。

养殖户的风险偏好同样是 1~5 分打分变量，1~5 分别表示非常厌恶风险、比较厌恶风险、一般或中立、比较偏好风险和非常偏好风险。从表 4-5 可以看出，总体来说，样本养殖户是厌恶风险的，风险偏好的均值为 2.53。这一结论，基本符合大多文献中指出的中国农户基本是风险厌恶的这一论断。

3. 模型 3：能繁母猪保险参保行为的影响因素

表 4-6 模型估计结果显示，相较于参照组"没听说过保养殖风险的生猪保险"的养殖户，表示对保养殖风险的生猪保险"听说过但不了解""有一点了解""比较了解"和"很了解"的养殖户能繁母猪保险的参保概率明显较高，即对保养殖风险的生猪保险了解程度越高，养殖户对能繁母猪保险的参保概率越高。这一研究结论与张小芹、张文棋（2009），李祥云、祁毓（2010），孟阳、穆月英（2013）和王志刚等（2014）在其他作物保险参保行为方面的研究结

果一致。事实上，学者们普遍认可农户对农业保险的了解程度越深入，越倾向于购买农业保险。

4. 模型 4：育肥猪保险的参保行为的影响因素

表 4-6 模型估计结果显示，与能繁母猪参保行为一致，对保养殖风险的生猪保险了解程度越高，养殖户对育肥猪保险的参保概率越高。此外，从表 4-6 中也可以看出，除了养殖户对保养殖风险的生猪保险了解程度这一变量，用育肥猪存栏数量衡量的生猪养殖规模以及养殖户的风险偏好，同样显著影响养殖户对育肥猪保险的参保概率。

表 4-6　生猪保险参保行为模型估计结果

	能繁母猪参保行为		育肥猪参保行为	
	Coef.	Robust Std. Err.	Coef.	Robust Std. Err.
家庭年收入	0.1750	0.1173	0.1075	0.1391
生猪养殖规模①	0.0067	0.0065	0.0037 **	0.0017
大型疫病发生概率	0.0297	0.0791	−0.1334	0.0917
疾病、疫病等自然风险对养殖户的影响程度：参照组为没有影响				
影响较小	0.2349	0.6538	0.5347	0.6439
影响一般	0.1142	0.7106	0.0930	0.6277
影响较大	−0.5861	0.5402	0.0950	0.5432
影响很大	−0.5079	0.5044	0.2883	0.5168
对保养殖风险的生猪保险的了解程度：参照组为没听说过				
听说过，但不了解	1.2481 ***	0.4279	2.9189 ***	1.1394
有一点了解	1.5954 ***	0.4228	3.6954 ***	1.1338
比较了解	2.1085 ***	0.5406	4.4624 ***	1.1596
很了解	3.0968 ***	1.1397	3.3801 ***	1.2439
对农业保险公司的信任程度：参照组为非常不信任				
比较不信任	−0.7218	0.6876	−0.2186	0.9672
一般或中立	−0.2328	0.6630	0.1763	0.8217
比较信任	−0.1172	0.6486	0.8194	0.7953

① 第一个模型中的养殖规模是指能繁母猪存栏数；第二个模型中的养殖规模是指育肥猪存栏数

（续表）

	能繁母猪参保行为		育肥猪参保行为	
	Coef.	Robust Std. Err.	Coef.	Robust Std. Err.
非常信任	−0.2384	0.6691	1.1358	0.8066
风险偏好：参照组为非常厌恶风险				
比较厌恶风险	−0.1598	0.3588	0.1366	0.3656
一般或中立	−0.0871	0.3739	−0.1710	0.3478
比较偏好风险	0.3036	0.4440	−0.1408	0.4317
非常偏好风险	−0.4942	0.3442	−0.9355 **	0.3897
常数项	−1.8696	1.3686	−5.6093 ***	1.8934
	Wald chi2（19）= 47.85 Prob>chi2 = 0.0003		Wald chi2（19）= 87.92 Prob>chi2 = 0.0000	

注：①数据来源于对江苏、河南 2 省的实地调研；② ***，**，* 分别表示 1%，5%，10%的统计显著性水平

　　育肥猪存栏数量越多，养殖规模越大，一旦发生大型灾害或疫病，这些养殖户遭受的损失可能更为巨大，他们需要通过保险帮助其分担风险和弥补损失。张跃华、杨菲菲（2012）也指出，养猪规模越大，农户越需要一种比较有效的风险管理方式，保险作为一种社会化的风险分散方式可能成为农户分散风险的备选工具之一。因此，大规模养殖户对育肥猪保险的参保概率越高。这一研究结果与周伟娜（2009）、胡文忠、杨汭华（2011）、肖承蔚（2012）、刘超、尹金辉（2014）等学者对生猪保险的研究结论类似。此外，宁满秀等（2005）对棉花保险、王林萍、陈松全（2011）对水稻保险的研究也均指出，相较于小规模农户，大规模农户更倾向于购买农业保险。

　　相较于参照组"非常厌恶风险"的养殖户，表示"非常偏好风险"的养殖户对育肥猪保险的参保概率明显下降，即偏好风险的养殖户对育肥猪保险的参保概率降低。这一研究结果与钟杨、薛建宏（2014）的研究结论一致，他们指出越规避风险的农户越倾向于购买生猪保险。此外，张跃华、杨菲菲（2012）研究结论也表明，影响农户生猪保险参与的主要因素包括农户对生猪保险的认知程度以及

对风险的偏好。

五、研究结果与政策建议

（一）影响养殖户参保意愿的因素

（1）在现行的政策性生猪保险方面，即对于保养殖风险的生猪保险，养殖户的参保意愿较高，将近 7 成的养殖户都表示比较甚至非常乐意购买生猪保险；生猪养殖收入占总收入比重以及对保养殖风险的生猪保险的了解程度，显著影响养殖户的参保意愿。

（2）与保养殖风险的生猪保险相比，养殖户对保市场风险的生猪目标价格保险的参保意愿明显下降。有 2 成多的养殖户明确表示不愿意购买生猪目标价格保险。而表示比较乐意和非常乐意购买生猪目标价格保险的养殖户占比不到 4 成；养殖户的受教育程度、外出务工情况、生猪养殖规模以及生猪价格波动等市场风险等因素，显著影响对保市场风险的生猪目标价格保险的参保意愿。

（二）影响养殖户参保行为的因素

通过调查样本发现，养殖户参加能繁母猪保险的养殖户比例大约为 69%，参加育肥猪保险的养殖户比例大约为 49%。因此，养殖户对能繁母猪参保具有更高偏好。

（1）对于能繁母猪的参保方面，养殖户总体来说是厌恶风险的，并且认为疫病等风险对其生产经营的影响程度较大。在影响养殖户对能繁母猪的投保因素方面，对保养殖风险的生猪保险了解程度越高，投保概率越大，但是，整体来讲，养殖户对保养殖风险的生猪保险的了解程度总体并不高，而对农业保险公司的信任程度相对较高。

（2）与能繁母猪参保行为一致，对保养殖风险的生猪保险了解程度越高，养殖户对育肥猪保险的参保概率越高。除了养殖户对保养殖风险的生猪保险了解程度、生猪养殖规模以及养殖户的风险偏好，同样显著影响养殖户对育肥猪保险的参保概率。

六、本章小结

养殖户在进行畜牧养殖生产过程中，要面临自然灾害、疫病等各种风险，而种种风险都将对养殖户造成重大损失，政策性畜牧业保险的施行极大降低了养殖户的风险损失。但现阶段的政策性畜牧业保险实施过程中，养殖户参保率仍然较低，这也制约了保险的发展壮大。近几年，为保障畜产品市场价格风险，部分地区还开展了生猪目标价格保险试点，但推广力度不大，养殖户参与度也不够高。基于此，本研究以江苏省盐城市，河南省新郑市、开封市的养殖户为研究对象，结合对北京、上海、山东、四川等省市的政府、保险机构、养殖户关于生猪目标价格保险、蔬菜价格指数保险、牛奶价格保险的调研座谈，实证分析养殖户购买政策性畜牧业保险意愿的决策因素。

（1）在现行的政策性生猪保险方面，养殖户对保养殖风险的保险参保意愿较高，大多数养殖户都比较倾向于购买保养殖风险的生猪保险。生猪养殖收入占总收入比重以及对保养殖风险的生猪保险的了解程度，显著影响养殖户的参保意愿；养殖户对生猪目标价格保险的参保意愿明显下降。养殖户的受教育程度、外出务工情况、生猪养殖规模以及生猪价格波动等市场风险等因素，显著影响对保市场风险的生猪目标价格保险的参保意愿。

（2）养殖户参加能繁母猪保险的养殖户比例大约为69%，养殖户对能繁母猪参保比对育肥猪参保具有更高的偏好。在影响养殖户对能繁母猪的投保因素方面，对生猪保险的了解程度越高，投保概率越大；参加育肥猪保险的养殖户比例大约为49%，与能繁母猪参保行为一致，养殖户对生猪保险了解程度越高，参保概率越高。另外，生猪养殖规模以及养殖户的风险偏好，同样显著影响养殖户对育肥猪保险的参保概率。

（3）基于此，本文建议加强对政策性畜牧业保险的宣传，提高养殖户的认知度，从而提高养殖户参与政策性畜牧业保险的主动性和积极性，提高参保率；并建议推动畜牧业养殖的规模化进程，扩大养殖规模，使养殖户加强对风险的控制，增强利用政策性保险规避风险的意识，提高保费支付的意愿，提高政策性畜牧业保险的参保率。

第五章 生猪保险实施过程中的道德风险问题实证分析

农业保险市场失灵的主要原因是由信息不对称造成的。在政策性畜牧业保险中，信息不对称主要是指养殖户更了解自己的养殖特点及哪些地方存在风险以及养殖户购买政策性畜牧业保险以后的行为特征等情况，不能为保险公司所共享。通常来讲，信息不对称主要表现为签约前的逆向选择和签约后的道德风险（张跃华等，2013）。

政策性畜牧业保险中的逆向选择，是指由于养殖户和保险公司对投保标的信息掌握的不对称性，养殖户作出不利于保险公司的选择。在政策性畜牧业保险的实施过程中，养殖户才是自己饲养牲畜风险状况的最佳知情者。在此状况下，同一个保险商品对于具有不同风险程度的养殖户的吸引力是不同的。如果信息是完全对称的，保险公司会对高风险的养殖户收取较高的保费，对低风险的养殖户实行较低的保费率。但是，由于保险公司对养殖户具体的信息了解的肯定比养殖户本人少，而要获得这些信息需要花费很大的人力和财力。因此，保险公司只能按照平均损失概率来制定保险费率。最终高风险的养殖户倾向于购买畜牧业保险，而低风险的养殖户，在购买后会因发现缴纳较高的保费却得到较少赔付的情况下而退出保险市场，这肯定不利于政策性保险的发展。

道德风险普遍存在于保险实施过程中，在农业保险中表现更为突出，这是由农业活动及农业保险投保标的自身特点所决定的（Byerlee，1974；Goodwin，1998）。具体到政策性畜牧业保险，道德风险主要是指养殖户购买政策性畜牧业保险后，会存在诸如改变养殖方式、降低控制风险的努力程度等现象，而这些情况将会导致保险损失率升高、损失程度加重等现象。道德风险产生在养殖户与保险公司双方签订协议后，养殖户可能会采取机会主义行为，导致投保牲畜损失程度加重。由于畜牧养殖业生产过程复杂，养殖周期较长，因此，也会出现较高的道德风险。一方面表现为养殖户在诸如疫病等灾害前对防范措施的疏忽，减少牲畜疫病的防疫开支或减少生产资料的投入等；另一方面表现在疫病等灾害发生后的道德风险。在灾害发生后，养殖户没有及时采取救治措施，造成牲畜死亡率上升，导致保险公司增加赔付金额。

由此可知，政策性畜牧业保险中产生的逆向选择和道德风险，其根源在于政策性畜牧业保险中大量存在的信息不对称现象和由此而产生的养殖户的"机会主义倾向"所致。在政策性畜牧业保险中，养殖户是风险信息拥有的相对强势者，而保险公司则是风险信息拥有的相对弱势者。无论是道德风险还是逆向选择，都将影响政策性畜牧业保险的良性发展。因此，本文以江苏、河南省的养殖户为主要调查对象，结合对江苏、河南、四川等省地方保险公司的调研座谈，结合养殖户与保险公司 2 个主体获得的信息，从是否存在不足额投保、是否不对患病猪进行医治、是否不改善养殖环境卫生条件、是否通过其他手段骗保等方面来分析政策性生猪保险实施过程中，可能存在的逆向选择与道德风险问题。

一、不足额投保问题实证分析

本章节以能繁母猪保险为例，分析购买能繁母猪保险的养殖户是否存在不足额投保的问题。需要解释的一点是本文分析不足额投保问题之所以不使用育肥猪保险为例，是因为在实际调研过程中发现，不同地区对于育肥猪保险投保数量的计算方式存在差异，如江苏省育肥猪保险的投保数量按当年累计存栏数确定，同时，必须确定投保存栏数，当年累计存栏数低于投保存栏数的 2.5 倍的按 2.5 倍计算；而河南省杞县的育肥猪保险的投保数量是按投保的能繁母猪的数量乘以 17 来计算。不同地区育肥猪保险投保数量的计算方式的差异，会影响不同地区之间的比较，因此，本章节以能繁母猪保险为例。

从表5-1可以发现，剔除没有购买能繁母猪保险的养殖户以及能繁母猪饲养量和能繁母猪投保量数值缺失、异常和有误的养殖户，2015年购买能繁母猪保险的养殖户为251户。养殖户2015年能繁母猪的饲养量从1~380头不等，均值大约为27头；而2015年能繁母猪的投保量从1~280头不等，均值大约为18头。养殖户能繁母猪的饲养量和投保量之间存在一定的差异。

表5-1　能繁母猪饲养量和投保量的差异

	样本量	均值	标准差	最小值	最大值
能繁母猪饲养量	251	26.56	46.70	1	380
能繁母猪投保量	251	18.49	33.63	1	280

注：数据来源于对江苏、河南2省的实地调研

表5-2展示了2015年养殖户能繁母猪饲养量高于其能繁母猪投保量的情况。在251户购买能繁母猪保险的养殖户中，有157户养殖户能繁母猪饲养量高于其能繁母猪投保量，说明明显存在养殖户能繁母猪投保量不足的现象。但是进一步分析能繁母猪饲养量和能繁母猪投保量的差值可以发现，超过80%的养殖户能繁母猪饲养量和其能繁母猪投保量之间的差值都在20头之内。

表5-2　能繁母猪饲养量高于投保量的样本

差值	频数	频率（%）	累积频率（%）	差值	频数	频率（%）	累积频率（%）
1	19	12.10	12.10	27	1	0.64	84.71
2	19	12.10	24.20	29	1	0.64	85.35
3	9	5.73	29.94	30	2	1.27	86.62
4	14	8.92	38.85	33	2	1.27	87.90
5	13	8.28	47.13	38	1	0.64	88.54
6	5	3.18	50.32	40	2	1.27	89.81
7	5	3.18	53.50	43	1	0.64	90.45
8	4	2.55	56.05	45	1	0.64	91.08

（续表）

差值	频数	频率（%）	累积频率（%）	差值	频数	频率（%）	累积频率（%）
9	6	3.82	59.87	48	1	0.64	91.72
10	8	5.10	64.97	53	1	0.64	92.36
11	3	1.91	66.88	54	1	0.64	92.99
12	1	0.64	67.52	58	1	0.64	93.63
13	3	1.91	69.43	63	1	0.64	94.27
14	2	1.27	70.70	70	1	0.64	94.90
15	5	3.18	73.89	79	1	0.64	95.54
17	3	1.91	75.80	80	1	0.64	96.18
19	2	1.27	77.07	97	1	0.64	96.82
20	5	3.18	80.25	100	2	1.27	98.09
21	1	0.64	80.89	127	1	0.64	98.73
22	1	0.64	81.53	139	1	0.64	99.36
24	1	0.64	82.17	150	1	0.64	100.00
25	3	1.91	84.08	合计	157	100	

注：数据来源于对江苏、河南2省的实地调研

一般来说，农户对其一年之内能繁母猪饲养总量的数据的计算主要是根据个人估计，与实际饲养总量可能一定的误差。保险公司通常会将自己的认定量与养殖户投保量进行比较，如果误差在10%之内，就认可养殖户是足额投保（张跃华等，2013），计算公式为：

$$\frac{N_c - N_f}{N_c} \times 100\% \qquad (5-1)$$

其中，N_c为保险公司认定量，N_f为养殖护投保量。

引申到本文，可以将保险公司认定量更改为养殖户能繁母猪实际饲养数量，将数据代入，可得：

$$\frac{26.56 - 18.48}{26.56} \times 100\% = 30.42\% \qquad (5-2)$$

能繁母猪饲养量与投保量的误差大于10%的参考值，因此，从养殖户自身角度来看，存在一定的不足额投保情况。

二、不救治患病育肥猪问题实证分析

除了不足额投保这种道德风险，本文考虑的第二种道德风险是如果给育肥猪购买了保险，育肥猪在保险期限内得了重病，并且这种疾病属于育肥猪保险范围之内，养殖户是会选择继续对生病育肥猪进行医治？还是因为有保险赔付而选择不再对生病育肥猪进行医治？

从表5-3可以看出，是否购买育肥猪保险与是否对生病育肥猪进行医治的Pearson相关系数并不显著（Pr＝0.598>0.05），两者并不存在必然的相关关系，在本章节的调研样本中，并不存在购买了育肥猪保险的养殖户更可能不对生病的育肥猪进行医治的道德风险。

表5-3　育肥猪生病医治情况

		育肥猪在保险期限内得了重病（属于保险范围内）您认为是否需要继续进行医治			
		很有必要医治	可治可不治	没有必要医治	合计
是否购买育肥猪保险	否	196	11	10	217
		50.00%	61.11%	55.56%	50.70%
	是	196	7	8	211
		50.00%	38.89%	44.44%	49.30%
	合计	392	18	18	428
		100%	100%	100%	100%
		Pearson chi2（2）＝1.0272，Pr＝0.598			

注：数据来源于对江苏、河南2省的实地调研

在实际的养殖过程中，绝大部分养殖户在育肥猪得病之后都选择继续对育肥猪进行医治，毕竟育肥猪病死后通过保险得到的赔付款额还是远远低于一头育肥猪的正常出售收益的。同样，在本文的调研样本中超过91%的养殖户在育肥猪得病之后都选择继续对育肥猪进行医治，大约仅有6.5%的养殖户认为没有必要对生病育肥猪进行医治，不同养殖户对于这一问题态度的差异并不大，基本认可育肥猪得病之后有必要对其进行医治。

三、不注意改善卫生防疫条件问题实证分析

本章节考虑的第三种道德风险是如果给育肥猪购买了保险，养殖户是会继续注意改善卫生防疫条件？还是因为有保险赔付而对卫生防疫条件的改善等工作变得懈怠？

1. 模型设定

由于因变量"是否注意改善卫生防疫条件"为二元变量（0＝否，1＝是），因此，本文构建 probit 模型对该问题进行分析，probit 模型设定为：

$$\Pr\ (Y_i>0\,|\,X_i)=ln\left[\frac{P(Y=1)}{1-P(Y=1)}\right]=\beta_0+\sum_{i=1}^{n}\beta_iX_i+\varepsilon \qquad (5-3)$$

2. 变量设置与描述

表5-4是养殖户是否注意改善卫生防疫条件模型的变量设置和描述性统计分析。从表5-4中可以发现，超过80%的受访者为男性，样本的年龄均值大约为50岁，文化程度总体不高。样本养殖户的家庭年收入均值大约为 111 132元。样本养殖户生猪养殖年限的均值超过11年，相当一部分养殖户都具有较长的养猪年限。样本养殖户2015年育肥猪饲养总量的均值达到553头。样本中购买育肥猪保险的养殖户比例大约占到49%。平均来说，近5年来因疾病疫情等原因导致样本养殖户所养的猪阶段性死亡30%以上的情况大约发生过1次。疾病、疫病等自然风险对养殖户生产经营的影响程度是1~5分打分变量，1~5分别表示没有影响、影响较小、影响一般、影响较大和影响很大。从表5-4可以看出，样本养殖户认为疾病、疫病等自然风险对其生产经营的影响程度较大，影响程度的均值为4.01。

表5-4　模型变量的名称、含义及统计特征

变量名	变量含义	均值	标准差
因 变 量　模型5： 是否注意改善卫生防疫 条件	0＝否；1＝是	0.54	0.50

（续表）

变量名		变量含义	均值	标准差
	性别	0=男；1=女	0.18	0.38
	年龄	实际值（岁）	49.52	10.25
	文化程度	1=小学及以下；2=初中；3=高中或中专；4=大专或本科	2.21	0.75
	家庭收入	家庭年均收入（元）	111 132.30	222 952.80
自变量	生猪养殖年限	养殖年限（年）	11.81	7.33
	育肥猪饲养数量	2015年育肥猪饲养数量（头）	553.36	1 514.80
	是否购买育肥猪保险	0=否；1=是	0.49	0.50
	大型疫病发生概率	近5年来因疾病疫情等原因导致猪阶段性死亡30%以上的情况（次）	0.97	1.45
	疾病、疫病等自然风险对养殖户的影响程度	1=没有影响；2=影响较小；3=影响一般；4=影响较大；5=影响很大	4.01	1.25

注：①数据来源于对江苏、河南2省的实地调研；②这里模型的样本数量均为428份

3. 模型5：养殖户是否注意改善卫生防疫条件的影响因素

表5-5模型估计结果显示，养殖户的受教育程度、家庭年收入以及当年育肥猪饲养数量对养殖户是否注意改善卫生防疫条件产生显著的影响。

表5-5　养殖户是否注意改善卫生防疫条件模型估计结果

	Coef.	Robust Std. Err.	Z
性别	−0.1773	0.1935	−0.92
年龄	−0.0110	0.0084	−1.31
受教育程度：参照组为小学及以下			
初中	0.4015 *	0.2117	1.90
高中或中专	0.5854 **	0.2374	2.47
大专或本科	1.1845 **	0.4725	2.51
家庭收入	0.1504 **	0.0759	1.98
生猪养殖年限	−0.0042	0.0105	−0.40
育肥猪饲养数量	0.0003 **	0.0002	2.17
是否购买育肥猪保险	0.0231	0.1535	0.15
大型疫病发生概率	0.0205	0.0511	0.40
疾病、疫病等自然风险对养殖户的影响程度：参照组为没有影响			
影响较小	0.3950	0.3555	1.11

（续表）

	Coef.	Robust Std. Err.	Z
影响一般	0.5927	0.3668	1.62
影响较大	-0.0280	0.3041	-0.09
影响很大	0.2092	0.2840	0.74
常数项	-1.6339*	0.9367	-1.74
	Wald chi2（14）= 40.62，Prob>chi2 = 0.0002		

➡注：①数据来源于对江苏、河南 2 省的实地调研；② ***，**，* 分别表示 1%，5%，10%的统计显著性水平

随着受教育程度的提高，养殖户会越来越注意改善卫生防疫条件。受教育程度的提高意味着养殖户拥有更多的专业知识和更高的素质，这部分养殖户可能更懂得改善卫生防疫条件能够帮助其控制疾病、疫病等自然风险，提高其生猪养殖收益。因此，受教育程度高的养殖户，可能更加注意卫生防疫条件的改善。

家庭收入水平的提高促进了养殖户对卫生防疫条件的改善，这一点并不难理解，收入水平的提高降低了养殖户的资金约束，养殖户能够拥有更丰裕的资金，来改善生猪养殖的卫生防疫条件和生猪养殖环境，从而更好地保证生猪养殖的收益，形成一个良性循环。

育肥猪饲养数量越多的养殖户，越注意卫生防疫条件的改善。一方面，育肥猪饲养数量越多，养殖户的主要收入就越多的来自于生猪养殖，生猪养殖在养殖户生产、生活中的地位也就变得越重要；另一方面，育肥猪饲养数量越多，养殖户越无法承担大型疾病、疫病等风险对其造成的损失。因此，育肥猪养殖规模大的养殖户，可能更重视改善卫生防疫条件这种事前风险管理措施。

从表 5-5 也可以看出，是否购买育肥猪保险并未对是否注意改善卫生防疫条件产生显著影响。也即说明，在本文的调研样本中，并不存在买了育肥猪保险的养殖户更可能不注意改善卫生防疫条件的道德风险。

事实上，改善卫生防疫条件能够有效改善生产条件和生产环境，在很大程度上有利于疾病、疫病等自然风险的控制，通过这种事前风险管理措施得到的收益可能远远高于通过保险赔付这种事后风险

管理措施得到的收益。

四、研究结果与讨论

（一）是否存在道德风险的研究结果

（1）依据对养殖户的调研数据分析结果，在能繁母猪保险的投保方面，存在一定程度的不足额投保现象，不足额投误差为 30.4%（误差 10% 以内可认为足额投保）。这也验证了在信息不对称情况下，存在的逆向选择问题。

（2）调研样本 90% 以上的投保养殖户在育肥猪得病后会进行医治，大约仅有 6.5% 的养殖户认为没有必要进行医治，不同养殖户对于这一问题态度的差异并不大，基本认可育肥猪得病之后有必要对其进行医治。

（3）在本文的调研样本中分析发现，是否购买育肥猪保险并未对是否注意改善卫生防疫条件没有显著影响，因此，并不存在买了育肥猪保险的养殖户，更可能不注意改善卫生防疫条件的道德风险。分析结果还表明，养殖户的受教育程度、家庭年收入以及养殖规模对养殖户是否注意改善卫生防疫条件产生显著的影响。

（二）对存在道德风险问题的讨论

在对养殖户的实地调研过程中，对于其是否在政策性畜牧业保险实施过程中存在道德风险和逆向选择问题进行问卷调查，是一个比较棘手的问题，大多数养殖户在对待相关问题时会有防备之心，取得真实的调查结果相对其他调研问题比较困难。因此，本研究除了对养殖户进行问卷调研外，还对当地的相关保险公司进行了座谈交流，从保险公司的角度来了解保险实施过程中的道德风险和逆向选择问题，通过对比分析 2 个保险实施主体提供的信息，来分析是否存在道德风险和逆向选择问题，得出的结论才更具有真实性和针对性。

1. 基于养殖户调研数据分析结果的讨论

在本章节中，通过对养殖户的实地调研数据进行的分析得出了在政策性畜牧业保险实施过程中的不足额投保问题，但不存在较少防疫投入和不对患病的投保牲畜进行救治问题，也不存在不注意改善卫生条件和减少基础设施投入问题。不存在的两个问题其实比较容易理解，对于防疫投入方面，在生猪养殖的整个过程中个，国家对养殖户均发放免费的防疫疫苗，而不需要养殖户自身购买。对于那些需要从市场购买质量更好，防疫能力更强的疫苗的养殖户，大多数是养殖数量较多的规模化养殖户（场），他们本身具有较高的养殖技术和防疫条件，且对保险作用的认知程度较高，也惧怕一旦发生疫病后造成的生猪大面积死亡而造成的损失，减少防疫收入的道德风险造成的代价太高，得不偿失；对于患病救治方面，如上文所说，病死猪得到保险赔偿的数额要大大小于一头正常育肥猪按市场价格出售的收益，且若对患病猪放任不理，很有可能引发其他饲养牲畜的传染疾病，导致更大损失；对于改善卫生条件方面，散养户及小规模户的养殖场地基本属于自家庭院或自留地建立的养殖舍，规模较小，也较容易清理，而规模化养殖场养殖的一个重要前提条件就是卫生防疫，良好的卫生环境是保障生猪健康生长的一个重要基础，且在保持环境卫生方面的资金投入较小，养殖户没有必要在此方面懒怠。但也有学者研究发现在救治患病生猪方面存在道德风险问题，朱洁（2011）指出，在江苏省淮安市开展能繁母猪保险业务之前，能繁母猪死亡率一般在4%以下，在不发生疫病或疫病情况较轻的情况下只有2%~3%。但开展能繁母猪保险的近3年，淮安市能繁母猪死亡率却高达5.76%，涟水县的母猪死亡率达7.01%（朱洁，2011）。

2. 基于对保险公司调研情况的讨论

庹国柱（2012）通过计算得出，我国2009年畜牧业保险费收入至少减少30%以上，2010年减少22%，政策性能繁母猪和奶牛的保险签单量和保费收入相对于开始实施时大幅减少，这种状况一直持续 2011 年 12 月，分析其原因，主要是在某些地区存在严重的道德风险，导致保险公司赔付率居高不下，由此导致保险公司经营畜牧业保险亏损，保险公司的承包意愿下降。在对江苏、河南 2 省养殖户的实际调查中，是否存在骗保等道德风险问题无法通过调查直接得出，因此，通过对保险公司进行座谈交流的方式进行调研，以保险公司的角度，对政策性畜牧业保险实施过程中存在的道德风险问题进行分析，存在以下几种情况。

逆向选择问题。四川省人保公司反应，由于养殖户的养殖规模以及养殖水平不一，且四川省地处西部地区，平原较少，养殖区域多在山地，当遭遇流行疫病或者大的自然灾害时，一般养殖户很难应付。而现阶段政策性畜牧业保险品种单一，保险费率又没有差异性，养殖户很容易产生逆向选择问题，养殖规模大、养殖技术水平高的养殖户（场），由于抗风险能力较强而购买意愿性相对较小，而散养户或小规模户购投保程度较高。高风险养殖投保积极性高、低风险养殖户投保积极性低的现象严重，导致高风险高度集中，保险费率扭曲。通过调研发现，四川省生猪保险仍旧具有高赔付率的特点，这与养殖户的道德风险和逆向选择问题没有根本性解决，有很大关系。

不足额投保导致的骗保问题。在生猪养殖过程中尤其是规模养殖户，在投保时要求必须投保生猪佩戴耳标，但由于监管不到位，加之养殖户担心打耳标带来的导致生猪感染问题，很多地区的养殖户并没有按要求佩戴，这就给投保后骗取赔偿金提供了漏洞。个别养殖户以此为机会，只投保部分生猪，而当未参保的生猪死亡时，将已投保生猪的耳标带在未投保的死亡生猪上，用未参保生猪充当参保生猪，骗取保险公司的保险赔偿金。

串通防疫员或其他工作人员骗保问题。在四川省调研中发现，由于四川省山多路险，保险公司业务人员紧缺，为保证险情及时得到处理，保险公司采取在每个自然村或几个自然村找一个代理人的方式，只要代理人确认了险情属实，保险公司便给予赔偿，这提高了对养殖户的赔付效率，但也带来了严重的道德风险。代理人一般为村长或附近区域的防疫院或乡镇畜牧兽医站的工作人员，这些人员平时与养殖户有较为紧密的联系，往往为了人情关系或利益驱使在死亡生猪的称重和鉴定上造假，作出有利于养殖户的虚假鉴定，甚至于谎报险情以骗取赔偿。

五、本章小结

在保险实施过程中，由于投保人与保险人之间的信息不对称而产生了道德风险与逆向选择问题，而由于畜牧业生产的复杂性以及养殖的长周期性，道德风险与逆向选择问题尤为严重，这大大损伤了保险公司的承保积极性，成为政策性畜牧业保险发展的一个主要瓶颈之一。基于此，本章节以江苏、河南2省的养殖户为主要调查对象，结合对江苏、河南、四川等省地方保险公司的调研座谈，对比从养殖户与保险公司2个主体获得的信息，从是否存在不足额投保、是否不对患病猪进行医治、是否不改善养殖环境卫生条件、是否通过其他手段骗保等方面，来分析政策性生猪保险实施过程中可能存在的逆向选择与道德风险问题。

（1）通过对养殖户的调研数据进行分析后得出：在能繁母猪保险的投保方面，存在一定程度的不足额投保现象，验证了在政策性畜牧业保险实施过程中，在养殖户与保险公司信息不对称情况下，养殖户存在逆向选择问题；绝大多数被调研养殖户在投保的情况下会对患病育肥猪进行医治，很少一部分养殖户认为没有必要进行医治，所以，可认为在此方面不存在道德风险问题；通过probit模型进行分析发现，是否购买育肥猪保险对养殖户是否改善卫生防疫条件没有显著影响，在此方面也不存在道德风险。分析结果还表明，养殖户的受教育程度、家庭年收入以及养殖规模，对养殖户是否注意改善卫生防疫条件产生显著的影响。

（2）通过对保险公司的调研座谈进行分析后得出：首先，在一些地区，尤其是经济欠发达地区，由于养殖户的养殖水平、养殖规模以及预防风险的能力有强弱之分，且现阶段政策性畜牧业保险品种单一，费率平均，由此导致了高风险养殖户倾向于投保而低风险养殖户不乐意投保的逆向选择存在；其次，某些地区由于打耳标等投保要求执行不到位，在养殖户中存在不足额投保现象，进而导致以未投保病死生猪冒充投保生猪骗取补偿金的道德风险问题发生；还有的养殖户与防疫员或兽医站工作人员串通骗取补偿等现象发生。

（3）基于存在的道德风险和逆向选择问题，可考虑通过以下几条途径来解决：一是提高养殖户对政策性畜牧业保险的认知，使养殖户逐步了解保险的运作原理和运行基础，消除养殖户对于保险也是一种投资而需要取得回报的思维；二是加大对经济欠发达地区的保费补贴力度，提高国家对地方的财政补贴比例，并减少养殖户自身承担的保费比例，提高养殖户的投保数量，达到应保尽保的要求，消除发生道德风险的基础；三是探索在道德风险高发地区实行养殖户自身负担一定比例损失的赔付制度，从对养殖户的经济约束上来减少道德风险现象的发生。

第六章 生猪养殖风险、价格波动与畜牧业保险政策优化

一、生猪养殖的传统风险

在传统的生猪养殖过程中，疫病风险与自然风险是最常见的风险类型，自然风险包括如自然灾害导致的饲料原料的损失、基础设施的破坏以及直接引起的牲畜死亡等，也包括如火灾、人为因素等突发事故造成的牲畜死亡等风险。自然风险发生时虽然会导致严重的经济损失，但因发生的概率较小，在养殖过程中只要多加注意，就能大大降低或者避免损失。

疫病风险是长期以来影响生猪产业发展的重要因素之一。无论是散养户，还是规模化养殖场，都很难摆脱疫病的困扰。由于疫病种类的不断增加、致病性细菌和病毒的变异、耐药性的增强、养殖场卫生环境恶化等因素，并且一些养殖场尤其散养户之间生猪交流频繁，疫病传播迅速，加之生猪产业链不断延长，疫病检疫防疫滞后等原因，使生猪产业遭遇疫病侵袭的可能不断增大，对养殖户、生猪产业造成严重影响。

疫病风险在散养户养殖过程中尤为严重，主要是因为每户所养猪数量不多，防疫意识淡薄，免疫手段落后，遇到重大疫情时，散养户会成为暴发系统性疫情的起始点和扩散源，且一旦发生疫情后，散户往往无法应对。相比于散养户，规模养殖户由于管理手段到位，基础设施先进，能维持较好的卫生环境，且规模养殖户的风险意识较强，防疫意识和防疫水平较高，重大疫情发生的概率要大大降低。

二、生猪规模化养殖背景下的风险转移

目前，散户养殖仍然占有重要比例，但传统散养由于生产粗放，科技含量不高，资源转化利用率低，抵御市场风险力差，且存在比较严重的食品安全问题，已经不再适应新形势的发展。由于我国生猪养殖技术水平的不断提高、土地资源压力加大以及食品安全突出等问题，迫切要求我国养殖方式由散养及小规模养殖向规模化养殖转变。

（一）生猪规模化养殖现状

2010 年，农业部在全国开展了畜禽标准化示范场创建活动，根据活动目标，到 2015 年，全国主要畜禽规模养殖出栏量比重力争在 2010 年基础上提高 10%~15%。根据数据显示，2010 年我国生猪年出栏 500 头以上的出栏量占总出栏量的 35%，预计 2015 年生猪规模化程度将提高至 50% 左右（图 6-1）。

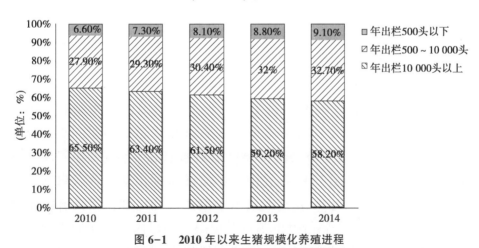

图 6-1　2010 年以来生猪规模化养殖进程

（数据来源：全国畜牧兽医总站畜牧专业统计数据）

由于 2013 年至 2015 年 4 月，我国生猪价格持续降低，导致能繁母猪存栏量不断减少，2015 年我国规模化养殖场（年出栏

500头以上）生猪出栏量占总出栏量的44%，在经济发展的新形势以及畜牧养殖发展的新要求下，规模经济的驱动仍将是我国畜牧养殖规模化进程的动力，出栏量占比56%的散户及中小养殖户很有可能随时退出生猪养殖行业，由此而留出的养殖空间就要由规模化养殖户来弥补。并且，我国现在实行最严格的环境保护制度，养殖户养殖的环境成本不断提高，加之疫病形势也越来越复杂，生猪养殖的准入门槛越来越高，规模化、专业化养殖的特征越来越明显（陈瑶生，2016）。

（二）生猪规模化养殖存在的主要风险

1. 疫病风险

近年来，由于我国生猪养殖产业地域性越来越集中，调运频繁，疫病爆发呈现出高频率、高危害、大面积的特点，常见病种类越来越多。同时，一些致病性病原不断发生变异，并且很多都呈现非典型症状，给防治和诊断带来很大困难，造成巨大损失。不论是对散养户还是规模户，疫病风险始终是影响养殖户稳定生产的一个主要风险之一，但在规模化养殖的趋势下，疫病风险的可控性也在逐渐加大。

2. 市场波动风险

近年来，生猪市场价格波动风险越来越成为是生猪养殖业面临的重要风险之一。由于养殖户养殖地区分散、市场信息滞后，通常只能根据当期的市场价格来决定后期的养殖数量，并且由于对生猪的需求缺乏弹性，因此，就表现出上一周期市场价格上涨，养殖量却很小，而下一个周期产量剧增而价格暴跌，如此反复波动。尤其是我国散养户、小规模养殖场比例较大，长期以来散户养殖缺乏长远计划，管理方式落后，不分析、预测市场规律，盲目跟从，在一定程度上助推了生猪市场价格的周期性波动。

（三）生猪规模化养殖对市场波动的平抑作用

由于散养户以及小规模养殖户饲料主要自给、兼业以及养殖技术较低等缘故，使得其在应付风险上显得有些极端，包括忽视成本延长饲养时间、提前出栏、减少仔猪饲养量等。目前，我国生猪养殖业行业集中度较低，年出栏 500 头以下的非规模户占出栏量的 50% 以上，而这些非规模养殖户在面对疫病及价格风险时也最容易减少养殖量，非规模养殖户可以说是各类风险的主要源头，也是风险打击的主要承担者。

规模养殖是生猪养殖的发展方向，是生猪养殖业向更高层次发展的重要平台。规模化养殖户因饲料外购率高、防疫条件好、养殖水平高、基础设施有保障等因素，能持续稳健地应对风险。养殖户通过扩大生猪养殖规模，改变养殖户参与市场时的分散化竞争的低效率，可以提高其生猪市场集中度和参与度，以此来稳定因生猪市场价格波动而造成的生猪产品供给的波动性，从而为稳定市场价格奠定良好的基础；规模化养殖还可以实现生猪的产业链控制，降低生猪产品供给弹性，缩短购销渠道，也可以达到价格稳定的目的。

所以，应适应生猪养殖形势的发展，采取积极有效措施，加大政府政策支持力度，引导分散的养殖户走适度规模化道路。当生猪规模化养殖成为市场主体时，就可以确保供需平衡，稳定市场价格，有效防止和减少市场波动给养猪业造成的经济损失，规模化养殖是稳定我国生猪市场价格的根本途径。当然，推广规模化养殖，不是要把散户彻底赶出养殖市场，这只会导致新一轮的价格波动。对于出栏量占到 50% 以上的散户，应该采用养殖合作社或养殖小区的方式集中，或以贷款优惠等有关政策扶持其扩大规模，从而达到规模化养殖的目的。

三、生猪市场价格波动情况分析

近几年来生猪价格大起大落的"猪周期"现象不断重复，直接影响生猪养殖业的健康发展和居民消费价格指数的高低。生猪价格不仅受畜禽疫病、生产成本等因素影响，而且受其他畜禽替代品价格的影响，调控难度较大。

（一）生猪市场价格波动情况

1. 1995 年下半年至 2006 年上半年价格波动相对较缓

2004 年以前，生猪价格运行较为平稳。早期生猪市场价格波动周期为 3～5 年，2006 年上半年以前大致可分为 3 个周期，分别是1995 年下半年至 1999 年上半年；1999 年 5 月至 2003 年上半年；2003 年 7 月至 2006 年上半年；这 3 个周期中价格波动相对较缓，猪价最高为每千克 10 元，最低为每千克 5 元左右（图 6-2）。

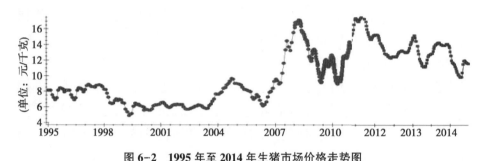

图 6-2　1995 年至 2014 年生猪市场价格走势图

（注：根据农业部市场监测数据得出）

2. 2007 年以来生猪价格波动愈加激烈

2004 年开始，尤其 2006 年下半年以来，生猪价格波动幅度开始变大，并且在 2008 年下半年、2011 年下半年形成 2 次新的高峰，呈"V"字形（图 6-3）。2003 年下半年开始一直到 2004 年 9 月，生猪价格一路上扬，并一举达到十年来的最高点，进入 2005 年，生猪价持续下跌，生猪养殖基本陷入全行业亏损的境地，随之 2007 年开始生猪价格又迎来一波上涨潮，但在 2009 年 5 月到 2010 年 6 月又跌入了低谷，每千克降至 9.7 元左右；2010 年下半年猪价急速上涨，并在 2011 年一路高走；2012 年 9 月达到每千克 20.21 元，养殖户纷纷补栏，导致 2012 年生猪产能偏高，加之消费低迷，2013 年、2014 年价格持续低迷，2014 年 4 月底形成了 2010 年 7 月以来的新的低谷，猪价每千克 11.05 元。由于长时期的价格低迷导致能繁母猪存栏从

2013 年 2 月、生猪存栏从 2013 年 12 月开始减少，猪肉价格在 2015 年 4 月开始快速回升。

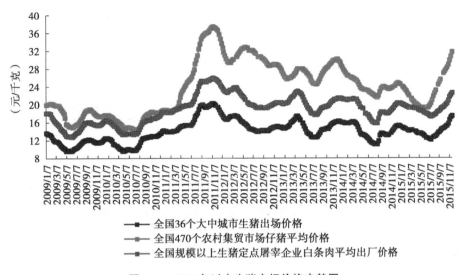

图 6-3　2009 年以来生猪市场价格走势图

（注：根据农业部市场监测数据得出）

（二）生猪市场价格波动的影响

1. 能繁母猪和生猪存栏减少

2012 年以来猪价持续低迷，能繁母猪存栏和生猪存栏急剧减少，截至 2015 年 6 月，能繁母猪存栏 3 901 万头，同比下跌 14.8%，生猪存栏 38 458 万头，同比下跌 10%。能繁母猪从 2013 年开始缓慢下跌，2014 年以来跌幅逐渐加大，2014 年 3 月已跌破"4 800 万头"的预警线，2015 年 6 月比 2013 年下跌 23%，处于 2009 年以来的最低位。生猪存栏从 2013 年 12 月开始大幅下降，至 2015 年 6 月已经下跌 16%（图 6-4）。

2. 猪粮比价不断变化

生猪价格波动带来猪粮比价（养殖利润）的波动。随着生猪饲

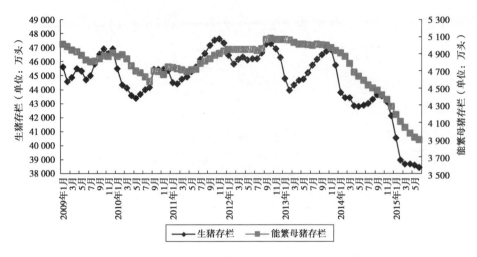

图 6-4　2009 年以来能繁母猪存栏和生猪存栏走势图

(注：数据来源于国家统计局)

养方式的转变和产业结构调整，生猪养殖规模化、标准化步伐加快。目前，生猪养殖已进入微利时代，猪周期具有延长趋势。猪粮比价越来越趋向于盈亏平衡点6∶1左右。猪粮比价的波动周期也大致符合生猪价格的波动周期。2009 年以来猪粮比价形成了 2009 年 1 月的 8.93 和 2011 年 7 月的 8.53 两个高峰，谷底分别为 2010 年 6 月的 4.76 和 2014 年 4 月的 4.60，截至 2015 年 7 月 22 日，猪粮比价为 7.07（图 6-5）。

（三）　生猪市场价格波动的原因分析

"猪周期"形成的根本原因是生猪生产具有周期性，供求决定价格，另外还受到养殖规模、成本、疫病、季节、国家政策调控等因素影响。

1. 供求关系

生猪生产周期长，从仔猪出生到育肥出栏一般需要半年左右，产品供给对市场价格的反应要经过一定时期才能体现出来，目前能繁母猪存栏减少还是增多影响的是 10 个月以后的生猪供给量，而目前仔猪存栏影响的是半年后的生猪供给量。生猪养殖和价格变动符

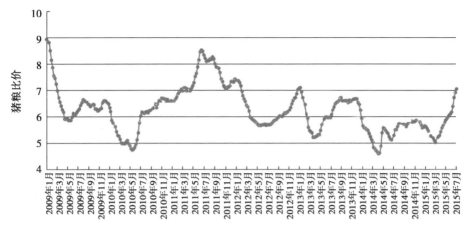

图 6-5　2009 年以来猪粮比价走势图

（注：根据国家发改委公布数据得出）

合经济学"蛛网模型"的典型特征，即养殖户总是根据上一期的价格来决定下一期的养殖数量。在每一期，养殖户只能按照本期的市场价格出售当期产量，这样实际价格和预期价格会有偏差，带来产量和价格的变化（陈艳丽，2013）。本期生猪供给多，导致价格低，减少生产能力，导致下期供给减少，价格上涨，增加产能，到下下期供给增多，如此循环（图 6-6）。

2. 养殖规模

生猪养殖规模是影响生猪价格变化的重要因素。10 年前，国内 90%的生猪以散养为主，价格高涨时，由于养殖户的信息滞后和对生猪养殖周期波动认知不足，散养户盲目扩大养殖数量，致使下一个周期时生猪生产供应增加从而导致价格下跌，由于散户养殖具有相对的灵活性，价格下跌导致其快速退出养殖行业，因而，又造成了下一个周期的生猪市场供给降低，价格上涨。生猪价格波动的一个主要原因就是市场供给的改变，而散养户盲目跟风与随意退出养殖是导致市场供给波动的一个重要因素。近年来，随着养殖成本的不断提高，进入生猪养殖行业的资金约束力也越来越大，养殖户养殖积极开始逐步下降。尤其在经历了 2009 年和 2010 年的疫病和亏损之

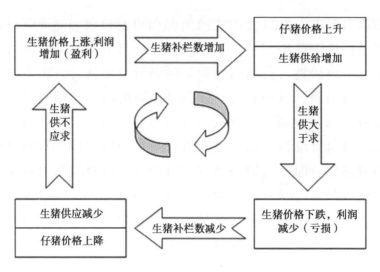

图 6-6 生猪市场周期性循环示意图

后，大量中小养殖户及散养户开始退出生猪养殖业。

随着养殖合作社的发展和产业链延长，生猪养殖由散养主导向规模化养殖转变。从我国 2002 年、2009 年和 2014 年关于各个规模养殖所占比例对比（图 6-7、图 6-8），年出栏 50 头以下的养殖户显著减少，50 头以上的不断增加。2014 年年出栏 500 头以上的养殖户占出栏总数的 42%。目前国内畜禽养殖业已经逐渐成熟，行业规模以每年 6%~8% 的速率增长。但与国外畜牧业发达国家相比，我国生猪养殖的规模化程度还比较低，技术水平仍相对落后。

3. 养殖成本

成本投入是制约生猪养殖规模扩大的一个主要因素，如人工费用、饲料费用以及市场运输费用等，近年来，仔猪价格上涨，饲料粮运输、卫生防疫、水电等费用不断增加，推高了生猪养殖的饲养成本，生猪养殖已进入高成本和微利时代，养殖的投机性开始慢慢消失，养殖的利润率也在不断降低（图 6-9）。随着土地、人工、服务费用的大幅上涨，尤其是占生猪养殖成本 90% 以上的饲料成本的大幅上涨，使广大养殖户的资金负担不断加大，对于一些中小规模户来说，甚至会影响到继续再生产。

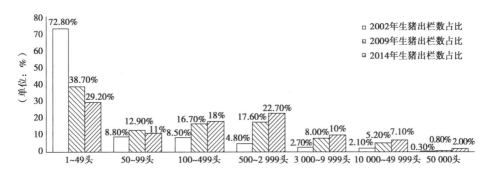

图6-7 2002年、2009年和2014年我国各生猪养殖规模年出栏生猪占比对照图

(数据来源：中国畜牧业年鉴、全国畜牧兽医总站畜牧专业统计)

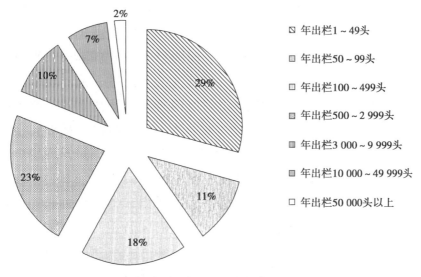

图6-8 2014年我国各生猪养殖规模年出栏生猪占比图

(数据来源：中国畜牧业年鉴、全国畜牧兽医总站畜牧专业统计)

4. 突发事件

在影响生猪养殖健康发展的诸多因素中，突发疫情、食品安全问题以及自然灾害等对养殖业的影响最为严重。近几年来，基本每次爆发生猪疫情都会导致生猪供应减少，引起群众的恐慌，造成生猪市场价格的大幅波动。例如，2005年在四川省爆发的猪链球菌病以及2006年全国范围内发生的高致病性猪蓝耳病等疫情，均影响了

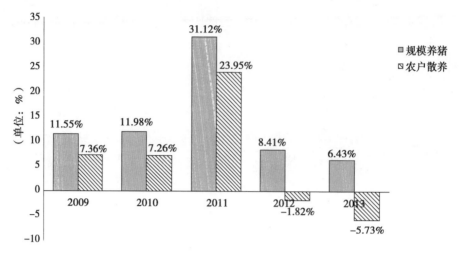

图6-9　2009—2013年我国生猪生产成本利润率波动情况

（数据来源：中国畜牧业年鉴）

生猪养殖市场的稳定和市场价格的波动。2010年全国连续发生严重的疫情，造成生猪死亡大量，生猪市场价格暴跌，生猪存栏和能繁母猪存栏量不断下降，从而导致了2011年生猪市场供给紧张，生猪价格又一路飙涨。又如，2011年发生的瘦肉精事件，导致大众对生猪产品造成恐慌，严重影响了生猪养殖产业的良性发展。

四、畜牧业保险的政策优化

（一）生猪市场价格波动的调控

生猪市场价格的大幅波动，会给整个生猪产业链带来不利影响，不仅使养猪、屠宰、加工和流通企业面临风险，更加会制约我国生猪品种改良、规模化、标准化养殖以及肉产品深加工的产业化进程。为保障生猪市场价格的稳定，近年来，国家出台了一些调控措施。

为保护生产者和消费者利益，促进生猪生产持续健康发展，收储、放储是较为常见的调控措施。2009年开始实施《防止生猪价格过度下跌调控预案（暂行）》，并于2012年进行了完善，出台了新的《缓解生猪市场价格周期性波动调控预案》。2015 年 10 月，重新修订的《缓解生猪市场价格周期性波动调控预案》发布，主要在以下 3 个方面做了修订。

1. 调整了盈亏平衡点猪粮比

根据近几年生猪养殖和市场价格数据进行了测算，确定我国平均盈亏平衡点对应的猪粮比价合理区间为 5.5：1~5.8：1。

2. 根据盈亏平衡点调整，调整了预警区域

原预案设定蓝色预警区域的猪粮比价在 8.5：1~9：1 或 6：1~5.5：1，新预案调整为 8.5：1~9：1 或 5.5：1~5：1。

3. 适当提高生猪收储措施启动门槛

当猪粮比价进入蓝色预警区域时，不启动中央冻猪肉收储或投放措施，当进入黄色预警区域一段时间后，才启动中央储备冻猪肉投放或收储措施，以充分发挥市场的调节机制作用。

这三方面的改变其实很明显地体现一点，国家要逐渐放宽政府对猪价的调控，未来猪价波动将更多地依靠市场因素。同时，新预案下调了预警区域下限，却没有提高预警区域上限，侧面体现了养猪微利时代的到来。养殖户未来更多地要靠低成本、规模化、高效率取胜，而非猪价暴涨带来的暴利。

这些政策措施对于饲养户防范饲养风险、提高饲养收益，进而保障生猪的市场供给、稳定市场预期起到了一定的积极作用。但总体看，生猪市场价格剧烈波动的调控措施有限，调控手段不足，调控难度较大，政策执行成本高。

（二）现行政策性畜牧业保险的局限性

政策性畜牧业保险理赔增强了养殖户恢复生产的能力，为养殖户增收致富撑起了"保护伞"。近年来，随着养殖场（户）养殖技术、规模化程度、防疫水平、基础设施保障程度等越来越高，因自然灾害、疫病等造成的死亡率越来越低，由此带来的损失逐渐减少，若养殖户生产得当，防疫措施到位，采取如购买政策性畜牧业保险

等风险管理工具等措施，养殖户的生产风险已能在一定程度上控制。且生猪养殖在微利化现状下，养殖户对畜产品的市场价格与饲养成本也显得愈加重视，开始不仅仅满足于现行的政策性畜牧业保险。

现阶段我国政策性畜牧业保险是属于保生产风险的保险产品，保障的是养殖过程中因疫病、自然风险或突发事故导致的投保牲畜死亡而造成的损失，并且保障水平单一，没有考虑养殖户潜在风险等级的不同，这种情况下很容易引发逆向选择现象。由于保险机构采取同一保障水平，导致具有高风险水平的养殖户更愿意购买保险，而这种情况对低风险水平的养殖户来说很不公平，长此以往，就会出现"劣币驱逐良币"的现象，大大影响保险公司的承保意愿，影响养殖户的合法权益，加大政府的财政补贴负担。并且现行的政策性畜牧业保险还没有涉及因市场价格波动导致的市场风险，畜牧业的市场风险极大程度影响了养殖户的收益的稳定，这是导致养殖户对现行政策性保险逐渐失去吸引力的重要原因之一。

我国的生猪产业链已经处于市场机制条件下，需要遵从市场行为，因此，生猪养殖户必然会遭遇市场价格的变化。政府对于抑制生猪价格剧烈波动出台了相关措施，也提供了诸如能繁母猪补贴、规模化养殖场补贴等相关财政补贴，但相对于市场价格剧烈波动带来的冲击还远远不够。因此，尽快推出由国家主导的政府给予财政补贴的市场风险管理工具，来保障养殖户的收益迫在眉睫。

（三）畜牧业保险的政策优化

随着我国经济不断发展，市场开放度越来越高，畜产品的商品化程度也不断加大，市场价格已由市场供求关系决定，广大养殖户无法预判市场价格，市场风险逐渐显露，对养殖户的影响程度及影响范围也逐步扩大。在对养殖户的调研过程中，发现广大养殖户在市场波动风险面前表现得比疫病等生产风险更无可奈何，畜产品以及生产资料的市场价格波动对养殖户的收益影响更为严重。养殖户对市场价格波动引发的市场风险认知更为侧重，因为，市场风险受许多直接或间接因素的影响，导致无法预判与控制。因此，要完善政策性畜牧业保险制度，必须增加对于市场价格波动的风险管理工具，满足养殖户对保险的多样化需求，对我国畜牧业的发展提供全方位保障。

采取有效的畜产品市场风险管理手段，对保障我国畜牧业市场稳定与养殖户的切身利益具有重要的现实意义。当前养殖户除了遭受生产风险的威胁外，市场价格波动风险对养殖户的影响也越加严重。优化政策性畜牧业保险制度，加大政策性畜牧保险的多样化开发程度，探索实施目标价格保险，是我国现阶段政策性畜牧业保险发展的重要途径，2007年以来实施的政策性畜牧业保险为我国畜牧业目标价格保险的发展奠定了很好的理论基础与实践经验。目前，我国还不具备全面推广目标价格保险的能力，但可以借鉴畜牧业发达国家的目标价格保险与收益保险经验，结合已实施的现行政策性保险的坚实基础，优先在我国经济较发达地区试点，在探索过程中逐步完善并扩大推广，实现全面保障我国畜牧产业健康快速发展的目标。

综上，要解决生猪市场价格大幅波动的瓶颈问题，切实保障养殖户和消费者的利益，维护社会的和谐稳定，必须大力推进养殖规模化、标准化，同时，建立健全市场价格调控机制和市场价格风险管理手段，探索建立实施政策性畜牧业目标价格保险制度，建立起政府、社会机构、养殖户等多方参与的市场调控机制。这样即可以减轻政府的财政负担，还可利用多方力量参与建设完善生猪生产和产品市场，有利于我国畜牧业的平稳健康发展。

五、本章小结

（1）生猪养殖的发展趋势是规模化、专业化，在此发展模式下，传统的畜牧业养殖过程中遭受的疫病等风险已能较好的控制，但市场波动风险造成的损失却越来越大。

（2）近几年来，我国生猪市场价格波动的"猪周期"越来越频繁，也越来越没有规律性，造成能繁母猪和育肥猪的存栏量不断降低，猪粮比价不断变化，给我国生猪市场健康发展和畜产品有效供给带来严重影响，也给养殖户的养殖积极性带来巨大打击。供求关系、养殖规模变化、养殖成本以及突发的食品安全等因素，是市场价格波动的主要因素。

（3）国家在稳定市场价格波动方面做了大量的调控工作，如启动猪肉收储、提供能繁母猪养殖补贴等诸多措施，也起到了一些效果，但总体来说作用不够显著。而现行的政策性畜牧业保险承保的是因牲畜死亡而造成的损失，不承保市场波动带来的损失。因此，建议我国推动生猪目标价格保险试点，以市场行为来保障养殖户的市场波动带来的风险损失，稳定养殖户的养殖连续性和积极性，达到稳定畜产品市场稳定的目的。

第七章 实施生猪目标价格保险的实证分析

生猪价格大起大落的"猪周期"现象不断重复，直接影响生猪养殖业的健康发展和居民的菜篮子。在实践中，只能通过完善生猪市场价格形成机制，稳定供给侧，方能破解"猪周期"。作为规避价格风险、保障养殖户基本收益的一种方式，生猪目标价格保险开始受到关注，并开展积极研究。2013 年，在北京市、四川省开展生猪价格指数保险试点，在降低生猪市场价格风险方面，进行积极尝试和创新。2014 年中央一号文件发布后，山东省等地也积极建立试点进行实践探索。

一、我国价格保险的做法和经验

价格保险作为保险产品创新，自 2011 年起在全国一些省市进行试点，这里主要分析上海市"保淡"绿叶菜价格保险和山东省牛奶价格保险的主要做法，以期为实行生猪目标价格保险提供参考和借鉴。

（一）上海市绿叶菜价格保险①

由于绿叶菜采摘期只有 1 周左右，且采摘后保鲜期短，因此，绿叶菜对于价格的敏感度非常高，气候异常、农户个体决策的盲目性和从众心理、信息不对称、信息反馈滞后以及流通渠道有限等因素都会导致绿叶菜市场价格的剧烈波动。上海市结合当地实际，于

---

① 所用数据均来源于对上海蔬菜价格指数保险的调研

2011 年创新建立了主要绿叶菜市场价格风险保障机制,由上海安信农业保险股份有限公司(下称安信农保)承保,2011 年 1 月 1 日开始推出"保淡"绿叶菜价格保险(以下简称上海蔬菜价格保险)。主要做法如下。

1. 突出重点,保障强调针对性

上海市蔬菜价格指数保险投保标的为上海本地的蔬菜价格,其最终目的是确保蔬菜的稳定供应,以确保蔬菜价格的稳定。在实际的操作中突出"三个重点":一是突出冬季和夏季两个重点时段;二是突出重点以青菜为主的绿叶菜品种;三是突出重点保障基地。蔬菜价格保险重点对规模化生产基地进行,上海市绿叶菜种植面积稳定在 0.67 万~1 万公顷。

2. 政策先行,保费补贴比例高

上海市先后下发了《关于贯彻落实国务院关于进一步促进蔬菜生产保障市场供应和价格基本稳定的通知的意见》《上海市 2012 年度"淡季"绿叶菜成本价格保险实施方案》等,政府给予 50% 的保费补贴比例,各区县自行配套,一般配套比例为 40%,种植户或种植企业投保比例不低于 10%。

3. 公正透明,保险理赔算得清

上海市绿叶菜价格保险的理赔方案分"冬淡"和"夏淡"2 个时期。保险基本费率为 9%(为鼓励蔬菜生产提高组织化程度,对蔬菜生产龙头企业、农民专业合作社、集体合作农场按 8% 费率执行)。理赔金额计算公式如下:

$$I_{c=}P_c \times W_{I \times}[(1+CPI) \times \overline{P_{3a}} - \overline{P_d}] \div [(1+CPI) \times \overline{P_{3a}}] \times Q_m \qquad (7-1)$$

式中,I_c 表示赔偿金额,P_c 表示每千克综合成本价,W_I 表示每亩保险产量,CPI 表示居民价格消费指数,$\overline{P_{3a}}$ 表示保险前 3 年市场同期平均零售价,$\overline{P_d}$ 表示保险期间市场日平均零售价,Q_m 表示保险亩数。

其中,"冬淡"时依据全市 5 家批发市场的均价,而在"夏淡"

时，改为依据上海市统计局对零售市场监测的权威数据，保证了理赔的公正、公平和合理性。在 2011 年"夏淡"期间赔偿处理首次将 CPI 指数纳入进来。

（二）山东省牛奶价格保险[①]

奶业是山东省畜牧业的重要组成部分，泰安市是山东省奶牛养殖的集聚区，奶牛存栏量由 2003 年的 2 万头增加至 2015 年的 25 万头，奶牛养殖收入是当地农户收入来源的主要构成。近 2 年来，随着大量进口奶粉进入国内市场，牛奶生产企业通过进口质优价廉的奶粉勾兑牛奶，直接冲击国内鲜奶市场，导致鲜奶的收购价格持续走低，严重影响了奶农的生产经营。泰山区畜牧兽医局、财政局、物价局联合人保财险山东分公司泰安支公司，2015 年 6 月试点牛奶价格保险。

1. 山东牛奶价格指数保险产品介绍

（1）目标价格设定。根据泰安市亚奥特和蒙牛 2 家奶制品生产企业以及市物价局 2012 年、2013 年、2014 年发布的牛奶 3 年平均价格确定了泰安市牛奶保险目标价格为 4.11 元/千克。

（2）保险金额和保险费。参保户参照与乳品企业合同内约定的产量确定投保重量，保险金额=投保重量（千克）×4.11 元。参保户按照 0.1 元/千克缴纳保险费，保险费=投保重量（千克）×0.1 元。

（3）赔偿处理。保险牛奶发生保险责任范围内的损失，保险人负责赔偿，最高承担总保费的 3 倍赔偿金额，损失率在 0~50%时，赔付 90%；损失率在 50%~100%时，赔付 80%。赔偿金额计算公式如下：

$$I_{c} = (P_t - \overline{P_a}) \times W_m \tag{7-2}$$

式中，I_c 表示目标价格，P_a 表示保险期间内奶企年平均收购价格，W_m 表示投保重量。

---

① 所用数据均来源于对山东牛奶价格指数保险的调研

2. 试点期间对投保养殖户进行条件限制

投保奶牛养殖场户要建场 1 年以上，有标准化挤奶厅，取得《生鲜乳收购证》，与生鲜乳加工企业签订生鲜乳收购合同，养殖场（区）取得动物防疫合格证，管理制度健全，饲养圈舍卫生，能够保证饲养质量，且为市级以上标准化养殖场。各乡镇、街道办事处要选择社会诚信度较高、管理技术好、生产能力强的奶牛牧场、小区和合作社开展保险试点，待试点工作取得成功后，根据参保养殖户需求逐步扩大参保范围。参保户投保牛奶价格保险的同时，必须参保政策性奶牛保险。

3. 地方财政给予保费补贴

牛奶价格指数保险为地方财政补贴型险种。泰安市泰山区财政对参保户应缴纳的保险费进行补贴，参保户承担 20%、政府承担 80%。即参保户实际缴纳保费 0.1 元/千克×20% = 0.02 元/千克，保险公司凭保险单向区财政申请拨付保险费剩余 80% 的部分。

(三) 我国开展价格保险的经验分析

1. 政策支持是价格保险开展的必要条件

上海市绿叶菜价格保险和山东省牛奶目标价格保险 2 个险种，政府承担了主要保费支出，这也是两个地区顺利开展政策性保险的必要条件。泰山区 2015 年牛奶价格指数保险保费补贴 80%，共计 128 万元，平均每 500 克补贴 0.08 元。

2. 农户的风险认知是开展价格保险的基础

市场经济条件下，价格波动引发的风险成为农业生产的主要风险。在政策风险、自然风险和市场风险中，市场风险逐渐成为农户最为担忧的风险。山东省泰安市调研时，奶牛养殖大户反映市场价格风险是影响经营的最重要风险，他们对保险需求强烈。

3. 保险方案的科学可行性直接影响开展价格保险的持续性

保费设定和赔付要在农户可承受范围内。在上海市价格保险补贴模式下，蔬菜生产主体缴纳保费比例约为 10%，生产主体亩均保费仅为 13.5 元。高保障水平下，农户参保积极性也相应较高。

保险公司持续经营而言，在赔付率基本保持不变的情况下，农户参保的覆盖率越高，保险公司的赔付风险相对也就越小。2011 年上海市安信农保蔬菜价格保险的总体保险赔付率为 70%，由于农户有较高的参保率，保险公司基本能维持 10% 的利润。2011 年安信农保承保"夏淡"保险面积 12 万亩，保费收入 1 128 万元，保险赔偿 700 万元，"冬淡"保险面积 8.3 万亩，总计保险赔款 220 万元；2012 年"夏淡"保险 12.9 万亩，保险赔款 711 万元。保险公司具有持续经营的积极性。

4. 全面推广价格保险需谨慎考虑的问题

目前，价格保险仍处于在部分地区试点推广的阶段，尚未在全国推开，即使在某些试点省份也仅是在某个地区试点运行，如山东省的牛奶价格保险，仅是在泰安地区试点。在价格保险试点过程中还存在一些问题，如价格指数设计还存在缺陷、地方政府财政负担较大、保险品种与承包时期仍未满足农户多样化需求、对保险公司来说因缺乏巨灾风险转移机制而导致承保能力不足等问题。为此，价格指数保险的试点和推广仍需谨慎。

二、我国生猪目标价格保险制度设计及其效果分析

（一）北京市生猪目标价格保险实践

1. 北京市生猪目标价格保险介绍

北京市自 2013 年开展生猪价格指数保险试点，已经连续实施 3 年。承保公司主要是安华农业保险公司北京分公司，保险产品依托猪粮价比价作为保险事故发生的判断依据。依据国家发改委测算的生猪养殖盈亏平衡点即猪粮比 6：1，设置为生猪目标价格保险的起赔依据，当保单年度内猪粮比的平均值低于保险合同的约定猪粮

比时，视为保险事故发生。赔偿金额公式为：

$$I_C = \left(\frac{6}{1} - \frac{\overline{P_p}}{P_c} \right) \times P_{fc} \times \overline{W_P} \times Q \tag{7-6}$$

式中，I_C 表示赔偿金额；P_p 表示生猪价格；P_c 表示玉米价格；P_{fc} 表示约定玉米批发价格；W_P 表示承保单猪重量；Q 表示承保头数。

安华农业保险自 2013 年试点开办生猪价格指数保险业务以来，业务范围扩展至北京市 6 个郊区县，为了提高生猪价格保险的保障程度，满足不同养殖户的投保需求，该公司分别于 2014 年和 2015 年对生猪价格指数保险进行产品升级，主要变化情况如下。

增设约定猪粮比，提供多层保障。2013 年生猪价格指数保险产品是固定以年平均猪粮比 6∶1 为理赔衡量标准的，通过 2014 年设定 5.8∶1、5.85∶1、5.9∶1 和 5.95∶1 4 个理赔衡量标准的试点运行，2015 年公司选择了市场主要需求的 5.8∶1、5.9∶1 和 6∶1 3 个不同的猪粮比值作为起赔点，由投保人自行选择，提高了产品的风险分散能力。

缩短赔付周期，加速资金周转。2013 年生猪价格保险赔付周期为 1 年，即以保险期间全年度的实际猪粮比平均值是否低于约定标准作为判断是否赔付的依据。2014 版生猪价格赔付周期由原来全年度变为半年度和年度，可在两者中进行选择。对于选择半年度赔款的养殖户，可以更快弥补价格波动造成的损失，但同时保险费率也由 1% 上升至 3%。缩短赔付周期能够帮助养殖户完成年中资金周转。2015 年安华农险再次提高了赔款的频率，增设约定周期为 4 个月的产品，保险费率为 5.49%，进一步体现了保险在稳定生产中的作用。

延长保险期间，规避逆向选择。生猪价格波动周期为 3~4 年，即养殖户可通过经验对下一年生猪价格进行预测，选择性投保。为有效防范投保人的道德风险和逆向选择，2015 年保险产品的保险期间由 2013 年的 1 年升级为投保户可在 1 年、2 年和 3 年 3 个周期中自行选择。目的在于通过年度均衡生猪市场价格的系统性风险。对于保险期限为 3 年的农户，给予一定程度的费率优惠。

2. 北京市生猪目标价格保险开办情况

保险公司直接承保，地方财政给予补贴。在运营模式上，北京市生猪价格指数保险采取"政策补贴+农户自愿"的方式进行。承保公司在销售过程中直接面对投保人，集中组织养殖户进行培训，详细讲解条款内容，投保流程及理赔流程。北京市各级财政给予保费补贴，其中，北京市级财政补贴50%，区（县）补贴30%（除延庆外），农户自缴20%（除延庆外）；延庆县级补贴25%，农户自缴25%。

政府规范指导，设定参保条件。北京市各区县政府对生猪价格指数保险均下发明确的指导意见。业务开展上，由于各区县生猪养殖规模不同，具体指导意见也有差别。例如，平谷区允许安华农险、人保财险和太平洋保险3家公司在区内以自由竞争的模式开办此险种。养殖户参保符合两个条件，一是养殖场必须是备案场；二是能繁母猪存栏大于等于100头。房山区规定参保养殖场能繁母猪存栏大于等于30头。延庆县规定，只有投保育肥猪和能繁母猪死亡险的养殖户，才可以投保价格指数保险。

参保养殖户逐年增多，农户受惠逐渐扩大。调研了解到安华农险自2013年试点开办生猪价格指数保险以来，现已在北京市6个区县开展了该业务。截至2015年6月30日，累计实现保费收入6 105.08万元，提供风险保障22.44亿元，参保农户733户次。其中，2013年条款保费收入491.95万元，赔款支出409.96万元，简单赔付率83.33%；2014年升级后的条款保费收入2 243.09万元，赔款支出3 760.45万元，简单赔付率167.65%；2015年上半年产品再次升级后的条款保费收入3 370.04万元，赔款还未发生。可以说，生猪价格指数保险业务保费收入在逐年大幅提高。

（二）四川省生猪目标价格保险实践

生猪养殖业是四川省畜牧业的重要优势产业。为平抑猪价波动、化解市场波动对生猪养殖户造成的经济损失、稳定生猪生产，2013

年开始，四川省开始试点育肥猪价格指数保险，试点地区有成都、南充两地，而后逐步扩大试点范围。四川省开展生猪目标价格保险的主要做法如下。

1. 省、市财政给予保费补贴

2013 年试点之初，育肥猪价格指数保险由保险公司进行自主试点，由试点区县财政给予保费补贴。2014 年，在前期试点基础上，四川省农业保险领导小组将育肥猪价格指数保险纳入当年试点工作计划，在遂宁市射洪县、资阳市雁江区和南充市西充县 3 个县（区）开展试点，并由省级财政给予 30% 保费补贴，市级财政补贴 20%，农户自缴 50%。2015 年，省农业保险领导小组卜发《四川省育肥猪价格指数保险试点方案》，明确将育肥猪价格指数保险在全省范围内全面铺开，财政保费补贴比例不变。

2. 农业部门提供技术支撑

四川省农业厅与中国人民财产保险股份有限公司等多家保险公司签订《战略合作协议》，在全省范围内积极推动生猪目标价格保险工作，并提供猪粮比定期发布渠道。各地农业局也积极配合公司做好宣传到村、动员到户的推广工作，深入乡镇与养殖规模大、管理水平高的规模养殖户进行交流，将生猪目标价格保险的好处、特点向养殖户宣讲。

3. 不断创新保险产品

随着育肥猪价格指数保险试点的开展，保险产品不断创新。目前，四川省保险业已开发出 2 种保险产品。一是在全国首创采用绝对价格作为赔付标准的产品。锦泰财产保险股份有限公司通过分析近 6 年四川省生猪市场历史数据和其他变量，科学建模，创新性地引入价格预测模型，摒弃传统价格指数保险产品的"猪粮比"参数，直接采用出栏时的绝对价格作为赔付标准，农户可以直接通过官方公布的出栏肉猪价格，计算自己的赔偿金额。二是以"猪粮比"作为赔付标准的产品方案设计逐步完善。在 2015 年的省级试点方案中，赔付周期划分为 1 个月、4 个月、6 个月和 1 个年度共 4 档，约定猪粮比从 5.5：1 到 6：1、保险金额从 1 375 元到 1 500 元分为 6 档，对应共计 24 个费率区间可供各市县结合实际进行选择投保。

4. 公司通过优化服务开展良性竞争

四川省保险业积极参与育肥猪价格保险试点工作，目前已有中国人民财产保险股份有限公司、中航安盟财产保险有限公司、锦泰财产保险股份有限公司、中华联合财产保险股份有限公司开展了承保理赔工作，各公司之间通过不断优化服务开展良性竞争。一是通过承保前风险查勘，严格根据投保时能繁母猪或生猪存栏量控制预保的年生猪出栏量上限，防范虚保、假保、替保等行为；二是简化理赔流程，当猪粮比下降导致触发理赔的价格时，养殖户无需报案，保险公司根据约定的出栏肉猪价格或猪粮比自动理算，直接赔款到户；三是针对养殖大户，通过墙体广告、广播、报栏、发放宣传资料等多种方式，积极做好宣传发动工作。

（三）山东省生猪目标价格保险实践

1. 山东省生猪目标价格保险概述

山东省生猪价格指数保险由安华农业保险公司山东分公司 2014 年开办，生猪目标价格保险的保险标的为猪粮比这一价格指数，是防止生猪市场供求变化等原因造成生猪价格剧烈波动带来的经济损失，规避市场风险。

就山东省而言，2014—2015 年 3 月底参保的，保费为 12 元/头；2015 年 4 月起，保费调整为 15 元/头。保险金额为 1 200 元/头（保险金额＝约定生猪价格（12 元/千克）×约定单猪平均出栏重量（100 千克/头））。保险期限为 1 年，理赔周期为 1 年。生猪价格指数保险以国家发改委测算的生猪养殖盈亏平衡点即猪粮比 6：1 为理赔触发点，当保险期限内猪粮比的平均值低于保险合同的约定猪粮比 6：1 时，视为保险事故发生，保险周期内平均猪粮比每下降 0.01，赔付每头参保生猪 2 元。生猪目标价格保险定损的标准，根据保险期限内国家发改委发布的猪粮比平均值，与理赔触发点的猪粮比的差值确定，定损标准透明，不需要现场查勘定损，操作方便，保险金额与赔偿金额公式为：

$$I_a = P_{fp} \times \overline{W_{fp}} \tag{7-7}$$

$$I_c = \left(\frac{6}{1} - \frac{\overline{P_p}}{P_c} \right) \times 2 \times Q / 0.01 \tag{7-8}$$

式中，I_a 表示保险金额；P_{fp} 表示约定生猪价格；$\overline{W_{fp}}$ 表示约定单猪平均出栏重量；I_c 表示赔偿金额；P_p 表示生猪价格；P_c 表示玉米价格；Q 表示承保头数。

2. 山东省生猪目标价格保险的主要做法

保险公司直接承保，各级政府积极协助。山东省生猪价格指数保险由安华农业保险公司山东分公司采取商业保险的方式进行市场化管理，主要通过畜牧部门召开的各类会议进行产品推介，参保农户均为养殖大户。2014 年试点启动以来，山东省共有济南、日照、滨州、德州、临沂、莱芜、济宁 7 个地区的 44 个养殖大户投保生猪价格指数保险，参保生猪 44 100 头，总保费收入 53.88 万元，保障额度 5 388 万元。

商业保险模式运作，政府统筹保费补贴。由于生猪价格指数保险还处于试点初期，中央财政未将该险种纳入补贴目录，但山东省各地市积极统筹资金，安排保费补贴。日照东港区、德州禹城县、莱芜莱城区、滨州邹平县 4 个县（区）于 2014 年对重点扶持的养殖大户通过生猪调出大县奖励资金给予保费补贴，补贴比例为 100%。其他地区均为商业化运作，各级政府和财政未给予保费补贴。

试点范围不断扩大，养殖户参保积极性高。随着试点范围的扩大，截至 2015 年 6 月 30 日，山东省共有济南、淄博、威海等 8 个地区的 78 个养殖大户参加了生猪价格指数保险，参保生猪 106 508 头，总保费收入 156.6 万元，保障额度 1.28 亿元，见下表所示。

表　部分省市首单生猪目标价格保险承保情况

保险参数	北京	四川	山东	湖北	浙江	辽宁	江苏
保险机构	安华保险	中行安盟	安华保险	平安财险	人保财险	安华农险	太平洋产险
签单日期	2013/5/24	2013/8/13	2014/5/22	2014/6/4	2014/7/15	2014/12/2	2014/12/11
理赔周期	1 年	1 月	1 年	1 年	1 月	6 月	1 月
保险期限	1 年	1 年	1 年	1 年	1 年	1 年	1 年
猪粮比	6∶1	5.6∶1	6∶1	6∶1	5.7∶1	6∶1	5.8∶1
保额（元/头）	1 200	1 400	1 200	1 500	1 374	276	1 000
保险费率（%）	1	6	1	1.6	1.8	4.4	5
保费（元/头）	12	84	12	24	24.73	12.14	50
政府补贴比例（%）	80	70	100	58.33	80	50	50
养殖户缴纳（元/头）	2.4	25.2	0	10	4.95	6.07	25
承保数量（万头）	41	0.24	1.25	1.35	10.8	6.07	未公开

数据来源：北京、四川、山东、江苏等省市数据根据与保险公司座谈得到，其他由公开资料整理得到

（四）实施生猪目标价格保险的效果

生猪目标价格保险试点两年来，在稳定生猪养殖、保障市场供应、完善价格调控机制等方面发挥了积极作用，主要表现在以下几个方面。

1. 减少了市场风险损失，稳定了养殖户生产行为

生猪养殖资金占用量大，当生猪价格大幅下跌时，小规模养殖户往往退出养殖，大规模养殖户为周转资金被迫出售或减少能繁母猪，控制存栏量。生猪目标价格保险帮助养殖户有效规避市场风险，当市场价格下跌时，保险金的赔付能够弥补损失，稳定经营规模和生产行为。

北京市顺义区学义养殖有限公司经理曹学义从事生猪养殖已经20 多年，养殖经验丰富。生猪价格的大起大落，增加了养殖风险，尤其近几年周期波动频繁，更是让老曹摸不到头脑。北京市实施生

猪价格保险后，2013 年曹经理为自家养殖场的 3 000 头育肥猪投保生猪价格指数保险，成为全国投保生猪价格指数保险的第一单。2014 年再次投保 10 000 头，2014 年个人缴保费 72 000 元。由于 2014 年生猪价格大幅回落，猪粮比价最低时达到 4.57 : 1，该年度曹经理的养殖场获得赔款 94.5 万元，起到了稳定生产的作用。

在山东省调研中了解到，济南银泰养殖有限公司是济南市长清区一家大型龙头养殖企业，存栏生猪达 9 000 头。随着生猪市场价格的持续走低，企业经营出现亏损。在参加了安华农业保险公司生猪价格指数保险推介会后，银泰养殖公司抱着试试看的态度，于 2014 年 3 月 15 日购买了 1 000 头生猪价格指数保险，每头保费 12 元，总保费 1.2 万元。截至 2015 年 3 月 14 日，保险期间内平均猪粮比为 5.44，按照保险条款约定，每头生猪的赔款金额为 112 元，共计赔付 11.2 万元。银泰养殖公司负责人靳老板认为，生猪价格指数保险这款产品是均衡市场风险、保障企业持续健康发展的保护伞。在第一期责任终了后，银泰养殖公司将存栏的 9 000 头生猪全部投保了生猪价格指数保险，靳老板表示无论生猪市场处在高峰还是低谷，银泰养殖公司将长期与安华农业保险公司合作，持续参保生猪价格指数保险。

2. 发挥了支撑保障作用，促进了金融服务提升

缺乏流动资金、融资贷款困难一直是困扰养殖场户经营的难题，由于没有合适的抵押担保物，银行等金融机构很难向生猪养殖场户发放贷款。养殖场户往往通过支付高额利息进行民间借贷获得周转资金，提高了经营成本，增加了经营风险。通过参保生猪目标价格保险，可以控制生猪养殖的市场风险，增强经营的稳定性。通过养殖场户、保险公司、商业银行的紧密合作进一步提高抗风险能力，促进金融服务的提升。

在济南市长清区调研中了解到，生猪价格指数保险的参保场户必须首先投保政策性育肥猪和能繁母猪保险，政策性保险和价格指数保险的双重保障，稳定了养殖收益，也给银行吃了定心丸。济南

市长清区鼎泰牧业有限公司通过参保生猪价格指数保险获得了短期银行贷款，解决了企业的资金困境。

3. 鼓励标准化规模化养殖，促进了产业提质增效

由于生猪养殖散养户进入门槛低，市场价格处于高位时，散养户纷纷进入，当供给增加导致价格下跌时，散养户逐渐退出养殖。生猪养殖的小户散户扰乱市场秩序，是造成供给不稳定、生猪价格周期性波动的重要原因。大规模养殖场户基础设施、生产资料投入大，疫病防控水平高，产品质量安全水平有保障，相应的养殖成本高于散养户。价格波动给大规模养殖场户带来的冲击也更大。目前，生猪目标价格保险的参保人均为大规模养殖场（户），目标价格保险的风险保障机制，可以稳定规模经营水平，释放市场信号，减少散养户的投机行为，逐步淘汰散养户，提升生猪产业的发展水平，稳定供给，稳定市场价格。

北京市顺义区调研中了解到，目前在该区域内备案的规模化生猪养殖场均已投保生猪价格指数保险，占该地区生猪总出栏量的50%以上。北京市各区县农业部门对投保户的生产经营规模有一定的门槛限制，只有标准化程度高，年出栏达到一定数量的养殖户才能投保生猪价格指数保险。而对于小规模、不稳定的生猪养殖户，暂不予以提供该保险产品。如果对投保养殖户设置门槛，随着试点范围的扩大，不仅能够促进生猪养殖的标准化发展，而且能够培育市场交易主体，形成调节市场供给的有效力量，达到稳定生猪价格的目的。

三、生猪目标价格保险试点的可行性分析

目前，从国家农业补贴政策调整方向、农业保险市场发育程度、微观主体的保险需求看，我国具备开展生猪目标价格保险的可行性。

1. 保险保费补贴符合国际支持政策规则的新取向

近年来，受重大极端天气灾害常态化和农产品能源化、金融化

等因素的影响，农业面临的自然风险和市场风险明显增加，但与防控农产品风险相关的补贴仍然偏少。农业保险保费补贴是 WTO《农业协定》中"绿箱政策"的重要内容，利用绿箱规则，加大农业保险补贴力度，才能更好地促进农业发展。生猪目标价格保险作为分散生猪市场风险的产品，在促进生猪养殖、调整养殖结构、稳定市场价格等方面发挥积极作用。较高的保障程度和较高的保费需要政府给予补贴，也为我国支持畜牧业发展提供了新的政策切入点。

2. 宏观政策环境有利推动目标价格保险市场发育

国务院在《关于加快发展现代保险服务业的若干意见》中提出了"开展农产品目标价格保险试点，丰富农业保险风险管理工具"的要求；国家发改委在《关于完善生猪市场价格调控机制的报告》中提出"在生猪价格过度下跌时，由保险公司按照保本的原则对规模养殖户进行补偿，分担养殖户的市场风险"，鼓励保险公司推出保障市场风险的产品。保监会在 2013 年下发的《关于进一步贯彻落实〈农业保险条例〉做好农业保险工作的通知》中也鼓励产品创新，支持保险公司积极研究开发价格指数保险等新型产品，以满足新形势下日益增长的风险保障需要。调研中了解到，开展生猪目标价格保险试点的地区，均先后出台了相关实施意见或试点方案来支持和补贴生猪目标价格保险，未开展生猪目标价格保险的地区大多也对生猪目标价格保险持积极态度，有意愿给予财政扶持。

3. 目标价格保险符合市场规则主导的风险分散机制

我国生猪市场价格频繁波动的原因之一，是我国现阶段生猪产业链纵向主体间协作松散，生猪交易方式单一，尚未建立生猪期货市场。在现货对手交易方式下，市场价格是即期价格，不能反映未来的市场供需。养殖户无法对未来的生猪供需作出正确的判断，也就很难确定养殖规模以及养殖周期，因此，也无法避免生猪市场的价格波动。我国现阶段没有完善的期货市场，养殖户和加工企业就无法对冲分散价格波动风险，政府也很难在生猪市场供应调节上获得有效的信号（李布，2012）。生猪目标价格保险，不仅是对生猪市场价格损失的一种补偿，更是一种市场风险分散机制的建立，使农业保险充分融入社会风险管理体系之中。

4. 养殖主体为分散市场风险有较强的投保意愿

在生猪养殖过程中，自然灾害对养殖户收入的影响有偶然性，市场价格剧烈波动是影响养殖收入的主要风险。根据人保财险四川分公司负责人介绍，该公司在近 7 年的育肥猪损失保险实践走访中发现，养殖户经常表露出对于市场价格的担忧与无奈，尤其是养殖大户和养殖场承受市场风险的压力更大。他们对能够帮助平抑市场价格巨幅波动、规避市场风险的保险产品具有强烈的需求。而生猪目标价格保险的目标就是分散市场风险，因此，从需求角度看，生猪养殖主体对目标价格保险具有较强的投保意愿。

5. 具有实施目标价格保险的基础数据支撑

为建立完善生猪市场价格调控机制，缓解生猪市场价格周期性波动，2012 年 5 月，国家发改委、农业部等 6 部委（总局）联合出台《缓解生猪市场价格周期性波动调控预案》。预案中，将猪粮比价作为生猪市场变化的基础性判断指标，根据能繁母猪年度存栏量以及生猪生产方式、生产成本、供需变化等影响因素对预警指标作出适时调整。目前，实施的生猪目标价格保险将我国生猪生产达到盈亏平衡点的猪粮比价 6 : 1 作为承保和理赔临界点，补偿由于生猪价格下跌造成的损失，保险指标与国家政策调控关键点相挂钩。同时，国家发改委对生猪养殖场户的定点采样数据、物价部门的监测数据都保障了数据的权威性，为保险产品开发奠定了基础。

6. 相关畜牧业保险试点推广实践提供经验借鉴

我国自 2007 年起试点能繁母猪保险，随后又开展育肥猪保险。经过 8 年的探索实践，各省基本形成了一套较为完善的政策性农业保险管理体系，各级政府和保险企业在保险条款开发、保费补贴、理赔定损等方面均有较丰富的经验，为生猪目标价格保险开展提供了经验借鉴。将使生猪目标价格保险从保单设计、产品推介、业务开展方面更顺畅，使政府补贴总量、各级分担比例更合理。

四、扩大实施生猪目标价格保险的难点

生猪目标价格保险属于创新试点，虽然一些地区试点取得了政府、养殖主体满意的效果，但如果大面积推广，还有一些难点问题需要解决。

1. 合理确定目标价格难度较大

生猪销售具有地域分散性和时间连续性的特点，销售价格波动频繁。我国目前还没有生猪期货市场，因此，无法通过期货价格确定理赔触发价格。但是不同地区生猪交易量、交易价格以及饲料价格存在差异，生猪目标价格不易确定（王亚辉等，2014）。如何确定生猪目标价格，是采用相对价格指数还是绝对价格直接关系到保险理赔。目前，我国生猪目标价格保险试点地区多以发改委公布的猪粮比为参照。然而，由于地区间养殖水平、经济发展状况不平衡，粮食成本、人力成本、管理费用、防疫成本等存在较大差异，"一刀切"式的保障水平，并不能满足不同地区养殖户的需求。受此影响，在全国范围开展生猪目标价格保险的操作难度较大。调研中了解到，由于北京地区人工和水电成本较高，加之近年来缩减畜牧养殖产业的政策调整，北京市生猪养殖成本较高，盈亏平衡点高于全国平均猪粮比 6 : 1，从业 20 余年的养殖场主告诉我们，北京市平均成本为每千克 15 元左右，假设玉米的价格为每千克 2 元，达到盈亏平衡的猪粮比价为 7.5 : 1。

2. 合理设计保险期限难度较大

目前，广大养殖户没有将生猪目标价格保险作为避险工具，而是作为一种投机手段。对于保险公司来说，由于价格风险是系统风险，存在超赔付风险。如果不能实现业务的连续性，就无法实现盈亏年度间平衡，从而在时间上分散风险（王克等，2014）。在"猪周期"明确存在的情况下，养殖户会出现逆向选择情况。若保险期限正处于生猪价格波动周期的上行阶段，养殖户有可能不选择投保；

而若保险期限处于生猪价格波动周期的下行阶段，保险公司可能不会承保。

山东省调研了解到，由于2014—2015年5月生猪市场价格低迷、猪粮比较低，因此，养殖户投保都集中在这段时间。2015年5月以后，随着生猪价格的走高，基本没有养殖户再继续投保生猪价格指数保险。目前，广大养殖户没有将生猪价格指数保险作为避险工具，而是作为一种投机手段，因此，逆选择是制约生猪价格指数保险持续健康发展的关键因素。

因此，逆向选择是制约生猪目标价格保险持续健康发展的关键因素。如果延长保险期限，多长时间较为合适？费率如何确定？养殖户如何缴纳保费？如何进行财政补贴？都需要认真的测算和论证。

3. 全方位的价格监测短时间内还难以实现

实施目标价格保险的一个重要支撑是要全面掌握价格信息。目标价格保险究竟该在多大范围内实行、触发理赔的目标价格该如何确定以及如何对养殖户进行政策性补贴等，均需要一系列数据进行支撑，并对数据进行科学全面的测算（王文涛、张秋龙，2015；彭超，2013）。然而，我国目前尚未建立全面的生猪价格监测体系，对生猪养殖户基础数据、信息采集、整理发布等还不系统。只有健全我国生猪价格监测体系，政府在发布生猪价格信息上才更具有权威性、准确性和及时性（房宁，2015）。目前，我国监测统计体系不完善，基础薄弱，且生猪散户养殖仍占有很大比重，加之诚信意识不强（冷崇总，2015），而且短期之内改善有一定难度。因此，从短期来看，检测收集、数据核实等工作会受到一定干扰，增加了实施目标价格保险的难度。

4. 目标价格保险巨灾风险分散机制较难建立

由于经济一体化、生产要素全国流动等因素，生猪价格已在全国范围内趋于相同，因此，与其他保险相比，生猪目标价格保险的最大特点是生猪价格下跌带来的风险，是全国性的系统性风险。因此，生猪目标价格保险已不再是传统意义上的保险，大数法则已不再适用，价格一旦出现大幅降低，很可能会在全国范围内形成巨大损失（何小伟等，2014），带来巨额赔付，影响保险机构的稳定经营。

以安华农业保险公司山东分公司为例，由于 2014 年生猪市场价格持续低迷，猪粮比最低达到 4.6：1，截至 2015 年 6 月 30 日统计日期为止，安华农业保险公司山东分公司共赔付养殖户 439.8 万元，简单赔付率 830.5%。2014 年全部业务满期后，预计赔付率将达到 1 000%。如没有有效的再保险支持和巨灾准备金，保险公司将缺乏经营的积极性，生猪目标价格保险产品就不能持续健康发展。

5. 政府财政补贴压力较大

生猪目标价格保险风险大，保费高，如果要大范围推广，必须有政府参与，并给予相应的保费补贴。生猪目标价格保险目前未纳入政策性保险范畴，一些试点地区地方财政给予一定比例的保费补贴，资金来源不一，支持力度不同，市场发育差异大。例如，北京市地方财政实力雄厚，市级、区县两级承担保费的 80%，养殖户承担 20%。山东省试点的 7 个地区中仅有 4 个区县给予保费补贴，保险产品推广困难。

如果发挥生猪目标价格保险的保障作用，仅仅依靠省级财政补贴远远不够。调研中了解到，一些地方政府由于财力原因，对推行生猪目标价格保险并没有很高的积极性。许多生猪养殖大县，包括一些国家生猪调出大县，往往是财政穷县，配套支付能繁母猪和育肥猪保费补贴已显吃力，生猪目标价格保险保费补贴更会大大加重其财政负担。目前，各试点省份均将保险试点限定在有限的范围内，且限定了承保规模，政府补贴总量不大，财政压力还不太突出，如果在较大范围内推进，巨额补贴资金的来源和渠道是需要解决的重要问题。

五、推进实施生猪目标价格保险制度的政策建议

作为化解生猪市场风险的有效工具、稳定生猪养殖和市场价格

的重要支撑，生猪目标价格保险在促进生猪养殖规模化、标准化，促进生猪养殖可持续发展方面发挥了重要作用。对于稳步推进实施生猪目标价格保险，提出以下政策建议。

1. 稳步推进生猪目标价格保险试点

推进生猪目标价格保险坚持分区域、分阶段实施策略。由于各地经济发展水平不同，目前我国实施生猪目标价格保险只能在具备一定条件的地区先试行，全面实施需要一个过程。

建议在生猪调出大县优先试点生猪目标价格保险，将接受投保的主体限定在具有一定规模的养殖企业、合作社或养殖大户。保险方案设计上建立多年度连续投保机制，在时间上分散经营风险，规避养殖主体的投机行为。同时，试点不同保障水平和保费的保险方案，丰富保险产品。经过试点数据积累和分析，完善保险产品和操作模式，为大范围推广奠定基础。全面实行生猪目标价格保险不是一朝一夕的事情，且当前我国政策性农业保险机制尚不健全，因此，必须首先做好试点工作，通过试点不断探索经验，逐步扩大试点区域。

2. 合理确定目标价格与保险期限

实施生猪目标价格保险的关键设计一套保险公司、投保者都认可的，具有较强科学性、权威性的目标价格指数。首先要保障养殖户生产收益，其次充分考虑政府财政承受能力，还要反映市场供求、与国际市场价格的比价关系等。为了保障生猪目标价格的合理性，要根据不同地区经济发展状况、养殖水平、养殖成本以及养殖户购买意愿等地区差异，相应地设定目标价格，在生猪生产周期开始前，向养殖户公布，发出明确的信号，引导养殖户合理养殖。建立目标价格动态调整制度，根据生猪生产成本变化和市场情况设定调整系数，使得保险周期内目标价格更能反映市场情况。

合理设定生猪目标价格保险期限，对增加生猪养殖户投保积极性、防范保险公司巨灾风险均具有重要意义。可考虑将保险期限长短与生猪价格波动周期相匹配，防止生猪养殖户的"逆选择"。与此同时，还可以考虑按生猪出栏的批次开展保险赔付，可以更加准确地反映出不同批次出栏生猪的损失，防止"平均化"给养殖户带来的利益损失，突出保障效果。

3. 健全生猪市场价格监测体系

生猪目标价格保险顺利实施的一个重要条件是要有一个公正、准确和及时的"目标价格"作为保险条款设计和赔付的依据。国外实施的生猪价格保险中，美国 LRP（畜牧价格保险）和加拿大 HPIP（生猪价格保险计划）的销售价格都是在政府市场价格监测数据的基础上得出的（Risk Management Agency，2008，2012；王克等，2014）。由于我国目前还未有生猪期货市场，保险赔付的计算依据只能由政府发布的生猪市场价格来确定。因此，应建立健全生猪养殖业监控体系与信息发布制度，一方面，加强对生猪收购、批发与零售环节价格、生猪养殖规模以及各类饲料价格等指标的数据监测，完善综合性信息收集平台，建立生猪养殖业监控体系，强化对猪粮比价、盈亏平衡点等指标的综合分析；另一方面，协调统计、农业、商务等多部门研究制定信息发布制度，为生猪目标价格保险的承保、查勘、定损、理赔、防灾防损等工作，提供可靠依据。

4. 构建生猪目标价格保险巨灾风险保障体系

价格风险属于系统性风险，随着承保范围的不断扩大，面临巨灾风险损失的可能性更大。建议将生猪目标价格保险纳入保险公司和政府的农业保险巨灾风险分散体系，从顶层设计、保险制度安排和产品设计上来分散和转移巨灾风险。如设立农业巨灾风险的再保险机制，农业再保险机制能够促进保险市场的发育，刺激养殖户对保险的参与率，特别是在政府对再保险进行资助的情况下（Duncan&Myers，2000）。

建议继续深入研究生猪目标价格巨灾风险，对保险公司巨额赔付进行科学评估，可建立多层次价格保险巨灾风险分散机制。由保险公司承担基础层风险，再保险公司承担高一级风险，政府承担更高一级风险。例如，保险公司承担赔付率80%以下的风险，再保公司承担赔付率80%~200%的风险，超过部分由政府承担。还可尝试设立由多方投入的运行基金制度，如通过建立巨灾保险基金、价格调节基金、保费提留等方式，设立由保险机构与政府共同出资的滚动资金池等财政措施，形成政府财政支持下的多层次的巨灾风险分散机制，确保相关保险经办机构的可持续经营。

5. 逐步建立完善财政保费补贴有效手段

目前，国家对农业保险的支持大多集中在粮棉油作物以及奶牛、育肥猪、能繁母猪等成本保险上，没有针对价格保险等新型产品的补贴。建议积极推动，将生猪目标价格保险纳入农业政策性保险范畴，加大对生猪目标价格保险的扶持力度，重点在有条件的地区开展试点，并逐步扩大推广。

统筹考虑生猪市场、养殖户、政府财政等各种状况，制定科学的保费补贴方案。可参照政策性育肥猪和能繁母猪保险补贴比例，将生猪目标价格保险的保费财政补贴比例设置为80%。同时，提高中央、省、市财政补贴力度，取消县级补贴配套，激发县级推广生猪目标价格保险等新型保险产品的积极性。最终才能真正扩大生猪目标价格保险试点，推进生猪价格稳定机制建立，保障生猪产业健康发展，走出"猪贱伤农，肉贵伤民"的怪圈。

六、本章小结

（1）目前我国部分地区已开展了不同品种的价格指数保险，如上海市的蔬菜价格指数保险，山东省的牛奶价格指数保险，均取得了不错的效果。通过对上海市、山东省等地的调研，总结出我国要推行农产品目标价格保险的几条经验：一是要有很好的政策支持；二是农户要有较高的风险认知；三是设计的保险方案必须具有可行性；四是目前目标价格保险还不宜全面推行，要试点先行。

（2）生猪目标价格保险在我国一些地区已试点开展了2年左右，通过对北京、山东、四川等省市试点地区开展生猪目标价格保险的调研，发现其在减少市场风险，稳定养殖户的生产行为，促进金融服务提升，推动生猪养殖规模化进程等方面实践效果显著。经研究分析，确定我国存在实施生猪目标价格保险的基础，并进行了可行性分析。

（3）结合与地方政府部门、保险公司的座谈交流，在试点施行生猪目标价格方面，还存在诸多问题需要解决，例如，因我国各地区经济发展程度、各地区饲料价格、养殖户养殖规模、养殖技术各有差异，该如何确定合理的目标价格；为防止养殖户的逆向选择行为，以防生猪价格下滑时养殖户选择投保、价格上涨不选择投保的行为，该如何确定一个合理的保险期限，确保保险公司的利益不受损害；生猪目标价格保险的实行是建立在全方位的监测数据基础上的，而目前我国全方位价格监测短时间内还难以实现；由于目标价格保险承保的是价格下跌带来的风险，由于我国的市场是一个整体，因此，价格下跌风险是全国性的系统性风险，但我国还没有建立巨灾风险转移机制，且再保险机制也不成熟，一旦发生系统性风险，保险公司将会遭受重创；我国现行的政策性畜牧业保险是中央与地方政府共同进行保费财政补贴的政策性保险，而目前开展生猪目标价格保险试点的地区，中央政府还没有提供政策性财政补贴，仅依靠地方政府财力进行补贴，财政压力很大，且养殖户也有很大的经济负担，这也是限制目标价格保险进一步推行的一个重要瓶颈。

（4）基于此，本章节在通过充分研究及借鉴国外目标价格保险和收益保险实施先进经验的基础上，提出几条政策建议：一是坚持试点先行，分区域分阶段开展试点，可优先考虑在生猪调出大县以及经济较发达地区开展，待积累丰富经验后，再考虑扩大试点范围；二是要合理科学的确定出发赔偿的目标价格和保险期限，既要保障养殖户的养殖收益，也要防止道德风险和逆向选择问题的发生；三是健全生猪市场价格观测体系，为生猪目标价格保险的实施提供数据支撑；四是建立巨灾风险转移机制，将生猪目标价格保险纳入保险公司和政府的农业保险巨灾风险分散体系，在发生系统性巨灾风险时，来分散和转移风险；五是要将生猪目标价格保险纳入农业政策性保险范畴，中央政府实行财政补贴，加大对生猪目标价格保险的扶持力度。

第八章　研究结论与政策建议

一、研究结论

　　发展现代农业，实现农业现代化，畜牧业的现代化发展是一个必须经历的过程。现阶段，我国畜牧业产业占农业总产值的比重还比较低，而国外发达国家的畜牧业产值在农业总产值中占有很重要的比例。因此，在畜牧业养殖向规模化、专业化、集约化发展方式转变的背景下，如何实现我国畜牧业的现代化，保障我国畜产品的有效供给和我国粮食安全，实现养殖户增收，是农业管理部门和农业科技工作者义不容辞的责任。本章节在系统回顾与总结国内外农业保险相关文献的基础上，首先分析了我国与国外政策性农业保险发达国家在制度政策、险种需求、政府补贴等方面存在的差距及问题，借鉴国外发展经验提出了对我国政策性农业保险制度的几点启示；然后通过对河南、江苏等省的养殖户实地调查，结合对山东、北京、四川、山东、上海等省市政府部门、保险机构以及养殖户的调研座谈，利用计量经济学模型分析了政策性畜牧业保险试点地区影响养殖户参保率的决策因素，并实证分析了试点地区存在的道德风险与逆向选择问题；最后，在回顾我国近年来生猪价格保险波动及波动原因的基础上，分析现行政策性畜牧业保险在平抑市场波动问题上的局限性，通过对我国部分已试点的蔬菜价格指数保险、牛奶价格指数保险和生猪价格指数保险地区的调研分析，提出我国推行生猪目标价格保险的可行性以及存在的障碍，并提出政策建议。本章节的研究结论如下。

1. 政策性畜牧业保险产品单一，不能满足养殖户多样性需求

2007 年开始我国对畜牧业保险进行政策性补贴，这为保障养殖户养殖利益提供了重要支撑，也取得了较好的成果，但仍然存在着保障水平单一、养殖户参保率较低、道德风险和逆向选择问题依然存在等问题，政策性畜牧业保险还远未发挥其全部作用；并且在畜牧业养殖向规模化转变的背景下，传统的疫病等养殖风险开始向市场波动风险转移，畜产品市场周期性波动频繁，为我国畜产品市场供给带来巨大影响，也给养殖户带来了巨大损失，但现行的政策性畜牧业保险承保的是牲畜因死亡而造成的损失，不承担因市场波动造成的损失，在保障养殖户利益方面仍然有局限性。2013 年开始我国部分地区陆续试点生猪价格指数保险，在减少养殖户因市场价格波动造成的损失方面起到了很大的作用，成效显著，社会反响也较好，除保障了养殖户的基本养殖收益外，还增强了社会金融资本对养殖产业的投入意愿，利于养殖户融资扩大再生产及保证养殖业的延续性。且保险作为养殖产业链上的重要环节，它的存在防止了资金链的断裂，消除了农户养殖过程中可能出现的不可恢复性的生产灾难，实现了稳定生猪生产、保障农民收入的政策初衷，达到了政府、保险机构以及养殖户多方共赢的良好结果。但生猪目标价格保险的试点地区及试点规模还非常有限，不能满足广大养殖户投保的需求，加之生猪市场波动的周期性，导致了养殖户在投保生猪目标价格保险时有严重的逆向选择倾斜，保险公司在承保上顾虑很大。

因此，对政府部门和保险公司来说，如何解决在现行政策性畜牧业保险与生猪目标价格保险实施中，由于信息不对称及市场价格波动而引发的养殖户逆向选择和道德风险问题以及对养殖户来说如何解决政策性畜牧业保险保障水平单一且保险费率相对较高，增加保险品种多样化选择问题是我国政策性畜牧业保险在进一步发展中亟待解决的问题；如何借鉴国外政策性农业保险发达国家的制度政策以及体制机制，构建科学合理的适合我国国情的制度体系和保险方案，满足我国不同地区养殖户的多样化保险品种需求，是我国广

大农业科技工作者的一个努力方向。

2. 影响养殖户参保决策因素的实证分析结果

养殖户在进行畜牧养殖生产过程中，要面临自然灾害、疫病等各种风险，而种种风险都将对养殖户造成重大损失，政策性畜牧业保险极大降低了养殖户的风险损失。但现阶段的政策性畜牧业保险实施过程中，养殖户参保率仍然较低，这也制约了保险的发展壮大。近几年，为保障畜产品市场价格风险，部分地区还开展了生猪目标价格保险试点，但推广力度不大，养殖户参与度也不够高。基于此，本文通过对养殖户的实地调查并建立计量经济模型，对养殖户投保的影响因素进行分析，为改进相关保险品种，促进政策性畜牧业保险的进一步发展提供实证支持。

研究结果表明，在现行的政策性生猪保险方面，养殖户对保养殖风险的保险参保意愿较高，大多数养殖户都比较倾向于购买保养殖风险的生猪保险。生猪养殖收入占总收入比重以及对保养殖风险的生猪保险的了解程度，显著影响养殖户的参保意愿；养殖户对生猪目标价格保险的参保意愿明显下降。养殖户的受教育程度、外出务工情况、生猪养殖规模以及生猪价格波动等市场风险等因素，显著影响对保市场风险的生猪目标价格保险的参保意愿。保养殖风险的政策性畜牧业保险已在全国施行，养殖户的了解程度较高，也更容易接受。而生猪目标价格保险仅在有限地区试点推行，且缺乏有效宣传，许多养殖户基本不了解甚至没有听过说，对新鲜事物的陌生感造成了对生猪目标价格保险意愿的降低。另外，养殖户的受教育程度越高、养殖规模越大参保目标价格保险的意愿越高，因为高学历的养殖户更愿意思考本身的养殖现状，对养殖风险有一个更好的评估，更容易理解和接受新鲜事物。养殖规模越大越容易参保生猪目标价格保险，是因为大规模养殖户不同于散养或小规模户，生猪养殖是其收入的最主要来源，并且规模养殖成本投入大，承担的风险也大，一旦发生剧烈的市场波动，很容易导致巨额亏损，甚至丧失再生产的能力。

养殖户参加能繁母猪保险的比例大约为 69%，养殖户对能繁母猪参保比对育肥猪参保具有更高的偏好。在影响养殖户对能繁母猪的投保因素方面，对生猪保险的了解程度越高，投保概率越大。由于能繁母猪保险在全国范围内推行较早，养殖户对保险的条款、保障的内容以及保费缴纳等了解的比较透彻，更能理解政策性畜牧业保险在保障能繁母猪风险上的作用，加之能繁母猪价值较高，且承担着扩大再生产的作用，养殖户更容易投保；参加育肥猪保险的养殖户比例大约为 49%，与能繁母猪参保行为一致，养殖户对生猪保险了解程度越高，参保概率越高。另外，生猪养殖规模以及养殖户的风险偏好，同样显著影响养殖户对育肥猪保险的参保概率。养殖户育肥猪养殖规模越大，一旦发生大型灾害和疫病，这些养殖户遭受的损失可能更为巨大，他们需要通过保险帮助其分担风险和弥补损失。相较于参照组"非常厌恶风险"的养殖户，表示"非常偏好风险"的养殖户对育肥猪保险的参保概率明显下降，这说明越偏好风险，养殖户对育肥猪保险的参保概率越低。

3. 道德风险和逆向选择行为的实证分析结果

政策性畜牧保险实施过程中逆向选择和道德风险问题的普遍存在，增加了保险公司的赔付概率和损失程度，导致保险公司经营畜牧业保险亏损，对其承保意愿造成很大打击，由此导致政策性畜牧业保险业务萎缩，反过来又降低了养殖户得到风险赔付的可能。基于此，本章节以养殖户为主要调查对象，结合对地方保险公司的调研座谈，通过对养殖户与保险公司 2 个主体获得的信息进行比较分析，并建立计量模型，实证检验在政策性畜牧业保险实施过程中可能出现的积累道德风险和逆向选择问题，为政府和保险公司优化保险实施方式，降低逆向选择和道德风险发生概率提供实证支持。

根据对养殖户的调查，建立计量经济模型进行数据分析，研究结果表明，在能繁母猪保险的投保方面，存在一定程度的不足额投保现象，不足额投保误差为 30.4%（误差 10% 以内可认为足额投保），这也验证了信息不对称情况下存在的逆向选择问题。但在是否存在投保后不对患病育肥猪进行救治的道德风险问题上，结果显示，调研样本 90% 以上的投保养殖户在育肥猪得病后会进行医治，大约仅有 6.5% 的养殖户认为没有必要进行医治，不同养殖户对于这一问题态度的差异并不大，基本认可育肥猪得病之后有必要对其进行医治。通过 probit 模型对是否存在投保后不注意对环境卫生、防疫等道德风险问题的研究结果表明，是否购买育肥猪保险并未对是否注意改善卫生防疫条件没有显著影响，因此，此类道德风险也可基本排除。分析结果还表明，养殖户的受教育程度、家庭年收入以及养殖规模对养殖户是否注意改善卫生防疫条件，产生显著的影响。

对与否存在骗保等道德风险问题，养殖户对此类问题怀有较高的防备心，无法通过对养殖户调查直接得出，因此，通过对保险公司进行座谈交流的方式进行调研，通过与保险公司的调研座谈进行分析后得出：在一些地区，尤其是经济欠发达地区，由于养殖户的养殖水平、养殖规模以及预防风险的能力有强弱之分，且现阶段政策性畜牧业保险品种单一，费率平均，由此导致了高风险养殖户倾斜与投保而低风险养殖户不乐意投保的逆向选择存在；再者，某些地区由于打耳标等投保要求执行不到位，在养殖户中存在不足额投保现象，进而导致以未投保病死生猪冒充投保生猪骗取补偿金的道德风险问题发生；还有的养殖户与防疫员或兽医站工作人员串通骗取补偿等现象发生。

4. 探索建立生猪目标价格保险制度

近几年来生猪价格不断大起大落，严重破坏了生猪养殖业的持续健康发展，市场价格大起大落的"猪周期"现象不断重复，直接影响生猪养殖业的健康发展和居民的菜篮子。实践中只能通过完善生猪市场价格形成机制，稳定供给侧，方能破解"猪周期"。但是生猪价格不仅受畜禽疫病、生产成本等因素影响，而且受其他畜禽替代品价格的影响，调控难度较大。国家在稳定市场价格波动方面做了大量的调控工作，如启动猪肉收储、提供能繁母猪养殖补贴等诸多措施，也起到了一些效果，但总体来说作用不够显著。而现行的政策性畜牧业保险承保的是因牲畜死亡而造成的损失，不承保市场波动带来的损失。基于此，本章节通过对北京、四川、山东、上海等省市已试点农产品价格指数保险的地区展开调研，总结目标价格保险试点的实践经验，发现试点过程中阻碍目标价格保险进一步发展的障碍问题，探讨我国实施目标价格保险制度的可行性，并提出对应的政策建议，目的是通过参与目标价格保险的市场行为来保障养殖户的市场波动带来的风险损失，稳定养殖户的养殖连续性和积极性，达到稳定畜产品市场稳定的目的。

上海、山东等省市开展的蔬菜价格指数保险、牛奶价格指数保险均取得了较好的成果，在保障生产者生产利益、稳定农产品供给方面发挥了作用。自 2013 年安华保险公司在北京市顺义区推出生猪价格指数保险，四川、江苏、山东、浙江、辽宁等省也陆续开展试点，试点 2 年多来，生猪目标价格保险在稳定养殖户的生产行为，促进金融服务提升，推动生猪养殖规模化进程等方面实践效果显著。通过对这些农产品目标价格保险试点地区的调研总结出 4 条经验：政策支持是价格保险开展的必要条件；保险需求主体的风险认知是价格保险开展的基础；保险方案的科学可行性直接影响开展价格保险的持续性；全面推广还需谨慎考虑。虽然部分地区在试点生猪目标价格保险方面取得了很好的效果，但试点过程中仍然存在着目标价格的确定、保险期限的设计、巨灾风险分散机制的建立等诸多问题，同时，政府补贴负担不断加大的问题阻碍着目标价格保险在各地的推广。因此，应科学完善生猪目标价格保险相关条款、健全市场价格监测体系、建立生猪目标价格的巨灾风险保障体系，并逐渐完善有效的财政保费补贴手段，推进生猪价格稳定机制建立，保障生猪产业健康发展，走出"猪贱伤农，肉贵伤民"的怪圈。

二、政策建议

1. 健全农业保险相关法律法规，提供良好的保险运行环境

国外发达国家的农业保险之所以能有序规范发展，与他们制定

了完善的法律法规有很大的关系。而在我国直到 2013 年才开始实施《农业保险条例》，才使我国的农业保险具备了明确的法律依据，但在政府财政补贴、保险公司税收优惠和巨灾风险的转移机制等方面还不完善，还没有具体的实施细则，还需要财政、税收等部门制定相应的配套制度，使实施农业保险的法律基础不断完善。政策性农业保险是农户和保险公司之间就保险的转让交易所达成的一种契约，具有法律约束力，而在许多方面我国百姓恰恰缺乏的就是契约精神，因此，没有健全的法律体系和严格的运行管理机制，农业保险就难以得到进一步的发展，构建良好的制度环境是农业保险发展的重要基础保障。

2. 鼓励养殖户进行适度规模化养殖

研究表明，生猪养殖收入占家庭总收入的比重以及养殖数量 2 个要素，对养殖户是否购买政策性畜牧业保险有重要影响，由此也说明，畜牧业养殖的规模化可以提高畜牧业保险的需求，推动畜牧业保险的良性发展。我国现阶段仍存在相当数量的散养户及小规模户，由于散养户或小规模户平均生产成本较高，饲料、基础设施等生产资料的自给能力较强，对保险的认知程度较低，对保险的需求度不高，缺乏购买保险意愿，这也是我国政策性畜牧业保险需求低迷的原因之一。但风险发生时，由于没有投保而得不到赔偿，损失最大的也是散养户及小规模户；参考国外发达国家的畜牧业养殖经验，规模化专业化养殖是养殖业的必由之路，扩大养殖规模，提高养殖户收入水平，增强保险认知度，养殖户才会对风险控制更加重视，才有利用政策性保险规避风险的意识，才有支付保费的意愿，也才能更好地发展政策性畜牧业保险市场。

3. 提高养殖户对政策性畜牧业保险的认知

从实地调查的情况来看，在已开展政策性畜牧保险保险的地区，大多数已经购买了政策性畜牧业保险的养殖户对保险的本质并不是特别明晰，大部分人以为保险应该与其他投资一样，投保了就应该有收益回报，很难理解要根据养殖风险的高低缴纳对价保费转移养殖风险这个保险经营原则。很多养殖户认为，买了保险若没有赔付就是便宜了保险公司，保费就是白交了，因而养殖风险发生率高的养殖户更乐意投保。因此，如何培育养殖户正确的保险认知仍然任重而道远，这需要政府部门、保险公司、社会媒体等的共同努力，让广大养殖户转变对保险作用的定向思维，逐步了解保险这种经济补偿机制的运作原理和运行基础，使养殖户摆脱逆向选择的思想，也有利于减少道德风险发生的概率。要不断提高养殖户对政策性畜牧业保险的认知，熟悉保险条款，理清投保人的权利和义务，熟悉保险理赔程序，更好地发挥保险的保障作用。

4. 培育养殖户风险意识，提高养殖户参保的主动性和积极性

政策性畜牧业保险作为一种风险管理工具，具有很强的专业性和知识性，而我国大部分农村养殖地区尤其是散养户和小规模户，还是封闭的小农经济，政策性畜牧业保险对他们来说不是特别熟悉。加之我国整个农业保险产业发展程度不高，农业保险的成长环境也不成熟，广大农村偏远地区接触政策性畜牧业保险的机会较少，或者接触后也不深入了解，甚至一些地区的养殖户从未听说过政策性畜牧业保险，或者对政策性畜牧业的保险知识和文化了解很少，并且由于在商业保险推广中确实存在一些令养殖户反感的情况，以至于养殖户对政策性畜牧业保险也持厌恶的态度，政策性畜牧业保险开展的难度较大。因此，要提高养殖户的参保积极性，激发养殖户自身的保险需求，需要通过各种宣传渠道向广大养殖户灌输政策性保险的知识和文化，也要让农户了解在养殖生产过程中的各种风险以及对风险的防控手段，培育养殖户良好的风险意识，当然这项工作并不是一蹴而就，但从激励政策性畜牧业保险需求的角度，具有非常重要的作用。

5. 尝试养殖户自己承担部分损失的赔付制度

道德风险发生的另外一个原因在于养殖户进行道德风险相关问题的"不道德成本"较低，养殖户的减少投保量、用未投保死亡标的冒充投保标的、骗取赔偿等不道德行为被发现后，无非就保险公

司不予承保或不予赔付，这不会对养殖户造成实质的利益伤害，因此，养殖户也乐于进行投机行为。在这方面，我们可参考美国农业保险赔偿的经验，在道德风险高发的养殖区域，对保险赔付实行按比例承担责任制，在签约时明确双方的承担比例，保险公司按比例予以赔付，养殖户自己也要承担部分损失。如美国联邦作物保险公司规定，当发生保险赔付时，农户自行承担25%的赔付比例，保险公司承担75%的赔付，从经营情况看，联邦作物保险公司的保费收入与赔付支出基本平衡，经营农业保险是不营利的，若因发生严重的自然灾害出现巨额超赔，保险公司管理费用完全由国家补贴。但这种赔付制度的缺陷是，对那些不存在道德风险的养殖户非常不公平，并会大大降低此类养殖户的投保意愿。

6. 建立巨灾风险转移保障机制

畜牧养殖业受自然灾害、疫病以及市场波动等风险的影响很大，发生概率也很高，尤其市场波动风险还具有系统性特点，很难在空间和时间上分散，一旦发生大的风险，保险公司很可能会因巨额赔付而倒闭。因此，承保的保险公司从控制风险的角度考虑，就会选择性承保政策性畜牧业保险标的来规避系统风险，由此就会造成政策性畜牧业保险覆盖面的缺失。畜牧业巨灾风险的存在是影响政策性畜牧业保险市场发展的重要因素，是政策性畜牧业保险市场化经营的重大障碍。无论是从保护畜牧业健康发展，以稳定畜产品供给和养殖户增收的角度，还是从促进政策性畜牧业保险发展的角度，都必须高度重视巨灾风险保障体系的建立。目前，我国还没有一个政策性畜牧业保险的开办地区建立了农业巨灾风险基金，大多数施行地区也没有畜牧业保险的再保险。这种既没有巨灾风险基金，又没有其他风险分散机制的保险经营方式，将使地方政府和保险公司集中很大的风险，一旦发生巨灾风险，会造成保险公司因损失巨大而无力赔付，也对维持地方稳定造成很大影响。因此，建议建立中央级的农业巨灾风险保障基金或再保险机制，如由中央和地方政府共同提供财政支持，对需进行巨灾赔付的保险公司予以一定比例的财政补偿，从而提升抵抗农业巨灾风险的能力，保障政策性畜牧业保险的持续发展。

7. 因地制宜开展政策性畜牧业保险

我国各地区间生产区域性明显，经济发展程度差距大，地方政府的财力各异，政策性畜牧业保险模式的选择应当与区域化和地区差异相适应，如不少经济欠发达地区在推行政策性畜牧业保险的过程中，很难提供与中央财政补贴相配套的资金，这是影响政策性畜牧业保险进一步发展的障碍所在。因此，要建立有差异性的区域化的政策性畜牧业保险政策，如财政支持政策、信贷优惠政策、税收优惠政策、市场准入政策等，为各区域发展政策性畜牧业保险创造公平的发展环境，从而全面提升我国政策性畜牧业保险的发展水平。我国现行的政策性畜牧业保障水平单一，保险费率也没有区域差异性，不利于对政策性畜牧业保险需求的激励，统一的费率也降低了低风险养殖户的参保意愿，并且造成投保后的道德风险问题更难控制。保险公司要根据不同区域间的风险水平，并结合当地的经济发展水平来推出适合的保险品种，这样才能被养殖户接受，才能夯实政策市畜牧业保险发展的客观基础。设计与研发适合的区域性的政策性畜牧业保险产品，不但能紧贴政策性畜牧业保险市场的发展形势，也能刺激广大养殖户对保险产品的有效需求，还能较好地防止保险实施过程中的逆向选择和道德风险问题，才能不断提高保险管理水平，增强各区域保险的发展能力。

8. 加大政府财政投入力度，保费补贴向经济欠发达地区倾斜

政府的财政投入水平对政策性畜牧业保险供给影响显著，当前中央政府已对能繁母猪、奶牛、育肥猪等险种提供了保费补贴，但补贴方式是必须地方政府先行配套后中央政府再给予下拨，若地方政府不能先行配套提供，则中央政府的补贴也不会下拨。并且许多地方政府财力有限，若中央政府不给予补贴，政策性保险工作很难推动，例如，生猪目标价格保险，一些地方政府由于财政基础较弱，保费补贴支付困难，并没有很高的推行生猪目标价格保险的积极性。

通常情况下，政府给予提供的财政支持越多，政策性畜牧业保险的供需就越平衡，发展就越快。如美国的农业发展，就是在巨额的政府财政支持下实现快速持续发展的。通过我国农业保险的发展历程可以发现，我国政府对农业保险发展支持的财政力度一直不大，这也是造成我国政策性农业保险发展缓慢的重要原因。当然，政府对政策性农业保险的财政投入并非仅仅限于保费补贴和保险公司经营费用资助。政策性农业保险的制度优化、险种研发、数据预测、农业再保险等同样需要政府的财政支持，为政策性农业保险的发展夯实基础。

在政策性畜牧业保险实施过程中，产生逆向选择和道德风险的原因是由于信息不对称，但养殖户自身利益角度来说，思想根源就是想花最少的钱取得最大的利益，这是我国现阶段大部分农民的思想意识，尤其对于经济欠发达地区的养殖户来说，其本身收入较低，许多养殖户仅20%比例的保费也很困难，因此，就出现了不足额投保，并由此导致了骗保现象。而且，很多经济欠发达地区财政紧张，在推行政策性畜牧业保险的过程中，筹集到按中央要求配套的资金困难，很难为投保养殖户进行保费补贴，这也是影响政策性畜牧业保险进一步扩大的障碍。因此，可实行向经济落后区的政策倾斜，提高中央政府层面上保费补贴的比例，减少省、地（市）、县级配套补贴的比例，或者取消省级以下政府配套的比例，继续减少养殖自身交纳保费比例，较少养殖户经济压力，扩大投保规模，尽可能达到应保尽保，才可有效避免逆向选择和道德风险问题。

9. 试点先行，稳步推进政策性畜牧业保险工作

政策畜牧业保险尤其是生猪目标价格指数保险的试点和在全国的大范围推广是一项长期工程，并且经营风险和难度很大，主要表现在：政府的财政补贴能力，保险公司的经营能力，养殖户的接受程度都需要一个逐渐提高的过程。生猪目标价格保险的试点和推广，必须要遵循客观规律，特别是要同养殖户的实际情况相结合，如考虑现行承保的地区、政府保费补贴的比例，保费的多少等等。保险

产品的设计要具有科学性，要使养殖户便于理解和接受，一味追求保险的发展速度，有可能会付出很大的代价。

因此，在生猪目标价格的发展策略上，建议试点先行、循序渐进推进试点工作。从近期来看，优先选择经济发展程度较高，政府财力较强，养殖规模化、产业化程度较高的地区开展试点，待逐步经验积累，生猪目标价格保险的示范效应逐步显现、养殖户的市场风险意识和保险意识逐渐增强时，再扩大试点规模。客观来说，将生猪目标价格保险作为规避市场波动的一种风险管理工具是需要一定的前提条件的，在条件不具备的地区和养殖户身上发展目标价格保险，其能否实现预期效益值得商榷。我们建议积极发展生猪目标价格保险制度，并不是说要不顾实际大干快上，生猪目标价格保险的发展是以效益意识和风险意识为前提的。

参考文献

安翔．2004．我国农业保险运行机制研究［J］．商业研究（13）：157-159．

白丽君，朱继武．2005．推动农业保险试点支持服务三农经济［J］．黑龙江金融（12）：51．

蔡书凯，周葆生．2005．农业保险中的信息不对称问题及对策［J］．金融保险（4）：36-37．

曹华政．2004．农业保险制度的国际比较及其借鉴［J］．农业发展与金融（5）：28-30．

陈璐．2004．我国农业保险业务萎缩的经济学分析［J］．农业经济问题（11）：32-35．

陈璐．2004．政府扶持农业保险发展的经济学分析［J］．江西财经大学学报（3）：44-46，49．

陈思迅，陈信．1999．成立我国农业保险公司的构想［J］．金融教学与研究（2）：49-50．

陈妍，凌远云，陈泽育，等．2007．农业保险购买意愿影响因素的实证研究［J］．农业经济导刊（7）：159．

陈妍，凌远云，陈泽育．2007．农业保险购买意愿的影响因素实证研究［J］．农业技术经济（2）：26-30．

陈艳丽．2013．生猪市场周期性波动与稳定生猪市场研究［J］．畜牧与兽医（9）：98-100．

陈瑶生．2016．生猪产业将进入"微利时代"［N］．中国科学报，1.20．

陈泽育，凌远云，李文芳．2008．农户对农业保险支付意愿的测算及其影响因素的分析——以湖北省兴山县烟叶保险为例

[J]. 南方经济（7）：34-43.

崔小年，乔娟. 2012. 北京市政策性生猪保险调查分析 [J]. 农业经济与管理（3）：76-82.

度国柱，丁少群. 2001. 农民的风险，谁来担？——陕西、福建六县农村保险市场的调查 [J]. 中国保险（3）：34-36.

房宁. 2015. 生猪价格保险"提档""扩面"有待制度创新 [J]. 农产品市场周刊（17）：52-53.

费友海，张新愿. 2004. 对我国农业保险供求现状的经济学分析 [J]. 广西农村金融研究（3）：57-59.

费友海. 2005. 我国农业保险发展困境的深层根源——基于福利经济学角度的分析 [J]. 金融研究（3）：133-144.

冯文丽. 2004. 我国农业保险市场失灵与制度供给 [J]. 金融研究（4）：124-128.

付俊文，赵红. 2005. 农业保险经济学分析 [J]. 西安金融（5）：37-40.

顾海英，张跃华. 2005. 政策性农业保险的商业化运作——以上海农业保险为例 [J]. 调查研究报告（3）：53-60.

郭晓航. 1986. 论农业政策性保险 [D]. 北京：中国保险学会的学术讨论会会议论文.

郭晓航. 1993. 农业保险 [M]. 大连：东北财经大学出版社.

何小伟，赵婷婷，樊羽. 2014. 生猪价格指数保险的推广难点与建议 [J]. 中国猪业（10）：22-24.

胡文忠，杨汭华. 2011. 农户对生猪保险需求行为的实证研究——以北京市为例 [J]. 农业经济展望（2）：33-37.

胡亦琴. 2003. 论农业保险制度的基本框架与路径选择 [J]. 农业经济问题（10）：40-43.

黄晓虹，周建胜，唐红样. 2007. 广西政策性农业保险试点模式之思考 [J]. 广西金融研究（12）：41-44.

黄宇峰. 2007. 我国政策性农业保险的试点运行情况 [J]. 农村经济（4）：91-93.

吉瑞 . 2013. 农产品价格保险对农产品价格风险调控的影响及启示——以上海市蔬菜价格保险为例 ［J］. 中国财政 （12）：48-50.

郏宣卿 . 2007. 建立政策性农业保险的实践与思考 ［J］. 经济丛刊 （1）：46-48.

江宏飞，周伟 . 2006. 保险业与畜牧业协同发展的趋势分析及对策 ［J］. 中国禽业导刊，23 （15） 6-7.

靳贞来 . 2014. 加快建立农产品价格指数保险——以安徽省为例 ［J］. 安徽行政学院学报，1 （5）：37-39.

冷崇总 . 2015. 关于农产品目标价格制度的思考 ［J］. 价格月刊 （3）：1-9.

李彬 . 2007. 辽阳市畜禽保险试点工作存在的问题与对策 ［J］. 现代畜牧兽医 （5）：1-2

李布 . 2012. 促进我国生猪产业链健康发展的政策建议 ［N］. 期货日报，5.

李德喜 . 2006. 农民在农业生产中的行为选择与保险需求研究 ［J］. 黑龙江对外贸易 （1）：86-87.

李放，田甜，吴敏 . 2005. 我国财政补贴农业保险的困境及出路 ［J］. 新疆农垦经济 （12）：42-46.

李军 . 2002. 农业保险 ［M］. 北京：中国金融出版社 .

李坤，鞠鸿英 . 2007. 经济发达地区农业保险如何办——烟台栖霞 "政策性农业保险" 试点的启示 ［J］. 上海保险 （6）：45-47.

李祥云，祁毓 . 2010. 农村居民购买政策性农业保险的影响因素分析——来自农户调查的数据分析 ［J］. 山东经济 （2）：117-121.

林晓飞 . 2014. 生猪目标价格采用政策性保险监管的调研 ［J］. 中国价格监管与反垄断 （8）：44-46.

刘超，尹金辉 . 2014. 我国政策性生猪保险需求特殊性及影响因素分析——基于北京市养殖户实证数据 ［J］. 农业经济问题

（12）：101-105.

刘京生 . 2000. 中国农村保险制度论纲 [M]. 北京：中国社会科学出版社.

刘宽 . 1999. 我国农业保险的现状、问题及对策 [J]. 中国农村经济（10）：53-56.

刘勇，任大廷 . 2009. 我国生猪保险现状分析 [J]. 保险研究（9）：93-100.

龙文军，张显峰 . 2003. 农业保险主体行为的博弈分析 [J]. 中国农村经济（5）：76-79.

龙文军 . 2004. 谁来拯救农业保险：农业保险行为主体互动研究 [M]. 北京：中国农业出版社 .

龙文军 . 2004. 谁来拯救农业保险：农业保险主题行为的博弈分析 [M]. 北京：中国农业出版社 .

龙文军 . 2013. 日本的农业保险 [J]. 农产品市场周刊（55）：55-58.

罗伟忠 . 2004. 我国农业保险日益萎缩的根本原因在于缺乏政府支持 [J]. 经济研究参考（55）：28-29

马波 . 2012. 江苏大力推进能繁母猪保险 [J]. 农家致富（6）：51.

马志恒，王传玉 . 2005. 信息不对称与开办农作物收益保险的经济学分析 [J]. 云南财贸学院学（社会科学版），20（2）：58-60.

毛伟，李玲 . 2008. 我国生猪保险共盈问题初探 [J]. 中国农业银行武汉培训学院学报（2）：54-55.

孟春，陈昌盛 . 2006. 公共财政支持农业保险发展：途径、标准与规模 [J]. 财政与发展（11）：8-14.

孟阳，穆月英 . 2013. 北京市政策性蔬菜保险需求的影响因素分析——基于对蔬菜种植户的调研 [J]. 中国蔬菜（20）：17-23.

宁满秀，苗齐，邢哪，等 . 2006. 农户对农业保险支付意愿的实证分析——以新疆玛纳斯河流域为例 [J]. 中国农村经济 (6)：43-51.

宁满秀，邢郦，钟甫宁. 2005. 影响农户购买农业保险决策因素的实证分析——以新疆玛纳斯河流域为例 [J]. 农业经济问题 (6)：38-44.

宁满秀. 2007. 农业保险制度的环境经济效应——一个基于农户生产行为的分析框架 [J]. 农业技术经济 (3)：28-32.

彭超. 2013. 美国农业目标价格补贴：操作方式及其对中国的借鉴 [J]. 世界农业 (11)：68-73.

皮立波，李军. 2003. 我国农村经济发展新阶段的保险需求与商业性供给分析 [J]. 中国农村经济 (5)：68-75.

荣幸. 2008. 从猪蓝耳病看我国的农业保险 [J]. 黑龙江畜牧兽医 (3)：7-8.

沈蕾. 2006. 我国农业保险理论和实证研究的文献综述 [J]. 江西金融职工大学学报，19 (1)：71-73.

沈农保. 2015. 江苏省对生猪养殖市场价格风险进行保障 [J]. 农家致富 (2)：50-51.

施红. 2008. 财政补贴对我国农户农业保险参保决策影响的实证分析——以浙江省为例 [J]. 技术经济 (9)：88-93.

史建民，孟昭智. 2003. 我国农业保险现状、问题及对策研究 [J]. 农业经济问题 (9)：45-49.

孙蓉，黄英君. 2007. 我国农业保险的发展：回顾、现状与展望 [J]. 生态经济 (2)：26-31，36.

汤颖梅，侯德远. 2010. 母猪补贴与母猪保险政策对养殖户决策的影响分析 [J]. 产业透视，46 (14)：17-20.

庹国柱，李军. 1996. 国外农业保险：实践、研究和法规 [M]. 太原：山西人民出版社.

庹国柱，李军. 2003. 我国农业保险试验的成就、矛盾及出路 [J]. 金融研究 (9)：88-98.

庹国柱，李军. 2005. 农业保险 [M]. 北京：中国人民大学出版社.

庹国柱，王国军.2002.中国农业保险与农村社会保障制度研究
［M］.北京：首都经济贸易大学出版社.

庹国柱.1999.农业保险体制改革模式选择［J］.中国农村经
济.

庹国柱.2012.论政策性农业保险中的道德风险及其防范［C］.
2012中国保险与风险管理国际年会论文集：454-459.

庹国柱，等.1995.农业保险：理论、经验与问题［M］.北京：
中国农业出版社.

万珍应.2009.养殖户对生猪保险的需求分析［D］.华中农业大
学.

王克，张峭，肖宇谷，等.2014.农产品价格指数保险的可行性
［J］.保险研究（1）：40-45.

王克，张旭光，张峭.2014.生猪价格指数保险的国际经验及其
启示［J］.中国猪业（10）：17-21.

王林萍，陈松全.2011.农户水稻种植保险购买决策的影响因素
分析——基于福建省浦城和永安的数据［J］.技术经济（4）：
107-112.

王萍.2005.农业保险的海外实践及借鉴［J］.浙江金融（4）：
46-48.

王文涛，张秋龙.2015.美国农产品目标价格补贴政策及其对我
国的借鉴［J］.价格理论与实践（1）：70-72.

王亚辉，彭华.2014.生猪价格指数保险的探索与实践——我国
生猪价格指数保险综述［J］.中国猪业（10）：8-16.

王延辉，郜永福，孙宏岩.1996.农业保险应用研究［M］.乌鲁
木齐：新疆科技卫生出版社.

王志刚，黄圣男，周永刚，等.2014.粮食主产区农户参与作物
保险决策分析——基于黑龙江和辽宁两省的问卷调查［J］.
中国农学通报（32）：66-71.

魏爱苗.2009.德国农业保险成熟品种多服务好［J］.农村财政

与财务（1）：47-48．

温连杰，周全．2011．国内外养殖业保险发展研究现状［J］．上海畜牧兽医通讯（1）：42 -47．

吴扬．2005．农业保险的理论依据及其效用分析［J］．社会科学（12）：20-25．

夏益国，黄丽，博佳．2015．美国生猪毛利保险运行机制及启示［J］．价格理论与实践（7）：43-45．

肖承蔚．2012．小规模养殖户购买生猪保险决策分析［D］．中国农业科学院．

谢家智，蒲林昌．2003．政府诱导型农业保险发展模式研究［J］．保险研究（11）：42．

谢家智．2004．论我国农业保险技术创新［J］．保险研究．

谢家智．2004．我国农业保险区域化发展问题研究［J］．保险研究．

谢蕊莲，刘攀．2007．我国政策性农业保险的困境及出路——以眉山市奶牛保险试点为例［J］．企业研究（6）：45-47．

辛燕，刘月娇．2014．农产品目标价格释放市场红利［J］．农产品市场周刊（3）：12-15．

熊存开．1994．国外农业风险管理研究［J］．农业经济问题（1）：59-62．

熊军红，蒲成毅．2005．农民收入与农业保险需求关系的实证分析［J］．农业经济问题（12）：29-30．

闫丽君．2014．风险评估下生猪保险需求研究［D］．华中农业大学．

颜华．2007．当前生猪保险条款问题剖析［J］．中国牧业通讯（22）：36-38．

杨世法，王荫祥，刘国珍．1990．建立我国农村保险保障制度的模式选择［M］．中国农业保险探索，广东：暨南大学出版社．

杨枝煌．2008．中国生猪产业的金融化推进［J］．当代经济科学

（5）：42-48.

银梅，李建勋，方向阳，等. 2006. 生猪保险的发展困境及对策解析 [J]. 中国牧业通讯（1）：16-18，19.

曾小深，李建奎. 2008. 生猪保险如何走可持续发展道路 [J]. 黑龙江畜牧兽医（5）：22-23.

张凡雷. 2015. 多赢视角论政策性农业保险 [J]. 农业经济（1）：30-32.

张海洋，蒋红，李录堂. 2010. 农户购买生猪保险意愿的实证分析 [J]. 贵州农业科学（10）：228-230.

张峭，汪必旺，王克. 2015. 我国生猪价格保险可行性分析与方案设计要点 [J]. 保险研究（1）：54-60.

张胜，万小兵，刘文峰，等. 2007. 基于农民理性角度政策性农业保险的调查与分析 [J]. 江西农业大学学报（社会科学版），6（4）68-73.

张小芹，张文棋. 2009. 福建农户农业保险需求的实证分析 [J]. 中国农学通报（24）：565-570.

张跃华，顾海英，史清华. 2005. 农业保险需求不足效用层面的一个解释及实证研究 [J]. 数量经济技术经济研究（4）：83-92.

张跃华，何文炯，施红. 2007. 市场失灵、政策性农业保险与本土化模式——基于浙江、上海、苏州农业保险试点的比较研究 [J]. 农业经济问题（6）：49-55.

张跃华，何文炯. 2007. 农村保险、农业保险与农民需求意愿—山西省、江西省、上海市706户农户问卷调查 [J]. 中国保险（4）：19-22.

张跃华，刘纯之，利菊秀. 2013. 生猪保险、信息不对称与谎报——基于农户"不足额投保"问题的案例研究 [J]. 农业技术经济（1）：11-24.

张跃华，施红. 2007. 补贴、福利与政策性农业保险——基于福利经济学的一个深入探讨 [J]. 浙江大学学报（人文社会科学版）（11）：138-146.

张跃华，史清华，顾海英 . 2007. 农业保险需求问题的一个理论研究及实证分析［J］. 数量经济技术经济研究（4）：65-75.

张跃华，杨菲菲 . 2012. 牲畜保险、需求与参与率研究——基于浙江省生猪养殖户微观数据的实证研究［J］. 财贸经济（2）：58-65.

张跃华，张宏 . 2006. 农业保险、市场失灵及县域保险的经济学分析［J］. 山东农业大学学报——社会科学版（2）：17-21.

中国保监会保险教材编写组 . 2007. 风险管理与保险［M］. 高等教育出版社 .

中国养殖业可持续发展战略研究项目组 . 2014. 中国养殖业可持续发展战略研究综合卷［M］. 北京：中国农业出版社 .

钟杨，薛建宏 . 2014. 农户参与生猪保险行为及其影响因素的实证分析——以四川省广元市为例［J］. 中国畜牧杂志（6）：19-24.

周建波，刘源 . 2011. 我国养殖业保险产品特性的经济学分析——以能繁母猪保险为例［J］. 保险研究（2）：57-64.

周伟娜 . 2009. 四川省政策性生猪保险探索及其农户需求影响因素研究［D］. 四川农业大学 .

朱洁 . 2011. 能繁母猪保险的风险分析与管理建议——江苏淮安能繁母猪保险工作情况的调查与思考［C］. 中国保险学会学术年会入选文集：288-294.

朱俊生 . 2007. 政策性农业保险试点分析［J］. 银行家（9）：115-118.

朱阳，王尔大，谢凤杰 . 2011. 影响养殖户购买政策性畜牧业保险决策因素的实证分析——以辽宁省盘锦市为例［J］. 科技与管理（5）：5-9.

Ahsan SM, Ali AG, Kurian NJ. 1982. Toward a Theory of Agricultural Insurance［J］. American Journal of Agricultural Economics, 64 (3)：520-529.

Babcock BA & Hart CE. 2005. Influence of The Premium Subsidy on Farmers' Crop Insurance Coverage Decisions. Center for Agricultural and Rural Development.

Bester H and Hellwing M. 2005. "Moral Hazard and Equilibrium Credit Rationing" in Bamberg G. and Spremann K. (eds) Agency Theory [M]. Information and Incentive, Heidelberg: Springer Verlag. 20-24 (3): 163-168.

Burdine K, Halich G. 2008. Understanding USDA's livestock risk protection insurance program for feeder cattle (AEC2008-04). http://www2. Ca. uky. du/cmspubsclass/files/kburdinc/4. pdf.

Byerlee D, Halter AN. 1993. A Macro-Economic Model for Agricultural Sector Analysis. American Journal of Agricultural Economics, 56 (3): 520-533.

Calvin L, Quiggin J. 1999. Adverse selection in cropinsurance: Actuarial and asymmetric information incentives. Amer J Agr Econ, 81: 834—849.

Chambers RG. 2007. Valuing Agricultural Insurance [J]. American Journal of Agricultural Economics, 89 (3): 596-606.

Chambers. 1989. Insurability and Moral Hazard in Agricultural Insurance Markets [J]. American Journal of Agricultural Eeonomies, 8: 604-616.

Chang HH & Mishra. 2012. Chemical Usage In Production Agriculture: Do Crop Insurance And Off-Farm Work Play A Part? [J]. Journal of Environmental Management, 105 (30): 76-82.

Duncan J, Myers RJ. 2010. Crop Insurance under Catastrophic Risk [J].American Journal of Agricultural Economics, 82 (4): 842-855.

Elterich JG. 1977. Unemployment Insurance, Estimated Cost Rates, Benefits, and Tax Burden by Type of Farm [J]. American Journal of Agricultural Economics, 59 (4): 683-690.

Embry M. Howell, Dana Hughes. 2009. A Tale of Two Counties: Expanding Health Insurance Coverage for Children in California [J]. The Milbank Quarterly, 84 (3): 521-554.

Enconomics of Imperfect Information [J]. Quart. J. Eeon. 1976. 629-649.

Gardner BL, Kramer RA. 1986. Experience with crop insurance programs in the United States [J]. 5: 79-93.

Glauber J, Collins K. 2002. Crop insurance, disaster assistance, and the role of the federal government in providing catastrophic risk protection [J]. Agricultural Finance Review, 62: 81-102.

Gloy BA, Gunderson MA, LaDue EL. 2005. The Costs and Returns of Agricultural Credit Delivery [J]. American Journal of Agricultural Economics, 87 (3): 703-716.

Goodwin BK and Ker AP. 1998. Nonparametric estimation of crop yield distributions: implications for rating group - risk crop insurance contracts [J]. American Journal of Agricultural Economics, 80 (1): 139-153.

Goodwin BK and Mahul O. 2004. Risk Modeling Concepts Relating to the Design and Rating of Agricultural Insurance Contracts [R]. World Bank Policy Research Working Paper.

Goodwin BK and Smith VH. 1995. The Economics of Crop Insurance and Disaster Aid [M]. Washington, D. C. : The AEI Press.

Goodwin BK, Vandeveer ML and Deal JL. 2004. An Empirical Analysis of Acreage Effects of Participation in the Federal Crop Insurance Program [J]. American Journal of Agricultural Economics, 86 (4): 1 058-1 077.

Goodwin BK. 1993. An empirical analysis of the demand for multiple peril crop insurance [J], American Journal of Agricultural Economics, 425-434.

Hardaker JB, Huirne RM and Anderson JR. 1998. Coping with Risk in Agriculture [M]. CAB International, UK, 257-258.

Hazell, P. B. R. , Pomareda C. , Valdes A. 1986. Crop Insurance for Agricultural Development: Issues and Experience [M]. Baltimore: The Johns Hopkins University Press.

Hazenll, Peter B. R. 1981. Crop insurance – A Time for Reappraisal [J]. IFPRI Report3: 1-4.

Hennessy DA, Babcock BA, Hayes DJ. 2007. Budgetary and Producer Welfare Effects of Revenue Insur ance [J]. American Journal of Agricultural Economics, 79 (3): 1 024-1 034.

Hyede CE and Vereammen JA. 1995. Crop Insurance: Moral Hazard and Contract Form. UnPublished manuscript, University of Melbome, SePtember.

Innes R, Axdila S. 1994. Agricultural Insurance and Soil Depletion in a Simple Dynamic Model [J]. American Journal of Agricultural Economics, 76 (3): 371-384.

Just RE, Calvin L, Quiggin J. 1999. Adverse Selection in Crop Insurance: Actuarial and Asymmetric Information Incentives [J]. American Journal of Agricultural Economics, 81 (4): 834-849.

Knight TO and Coble KH. 1997. A Survey of Multiple Peril Crop Insurance Literature Since 1980 [J]. Review of Agricultural Economics, 19 (1): 128-156.

Kotwitz, Hazard YM. 1987. The New Palgrave: A Dictionary of Economics [M]. John Eatwell, ed. London: MacMillianPress.

Kuminoff, Nieclai V, Alvin D, Sokolow, Daniel A. 2001. Sumner Farmland Concersion: perceptions and Realities [J]. University of California Agricultural Issuer Center Issues Brief, 16.

Mahul O. 1999. Optimum Area Yield Crop Insurance [J]. American Journal of Agricultural Economics, 81 (1): 75-82.

Makki S, Somwaru A. 2001. Evidence of adverse selection in crop insurance markets [J]. Journal of Risk and Insurance, 68 (4):

685-708.

Malini R. 2011. Attitude of Farmers to Agriculture Insurance: A Study with Special Reference to Ambasamudram Area of Tamil Nadu [J]. The lUP Journal of Agricultural Economics, 3: 24-37.

Mishra P. 1996. Agricultural Risk, Insurance and Income; A Study of the Impact and Design of India's Comprehensive Crop Insurance Scheme [M]. Aldershot, UK: Avebury Publishing.

Moschini G and Hennessy DA. 2001. Uncertainty, risk aversion, and risk management for agricultural producers [J]. Handbook of agricultural economics, 1: 88-153.

Nelson CH, Loehman ET. 1987. Further toward a Theory of Agricultural Insurance [J]. American Journal of Agricultural Economics, 69 (3): 523-531.

PomaredaC, Valdes A, Ammar S and Vades A. 1986. Should Crop Insurance Be Subsidized? Crop Insurance for Agricultural Development: Issues and Experience [M]. Baltimore and London: the John Hopkins University Press.

Pomerada C. 1984. Financial Policies and Management of Agricultural Development Banks [J]. WestView.

Quiggin J, KaragiannisG. 1994. Crop insurance and crop production: an empirical study of moral hazard and adverse selection [J]. E-conomics of Agricultural Crop Insurance: 253-272.

Ramaswami B. 1993. Supply Response to Agricultural Insurance: Risk Reduction and Moral Hazard Effects [J]. American Journal of Agricultural Economics, 75 (4): 914-925.

Rejesus RM, Coble KH, Knight TO, Jin YF. 2006. Developing Experience-Based Premium Rate Discounts in Crop Insurance [J]. American Journal of Agricultural Economies, 88 (2): 409-419.

Risk Management Agency. 2008. Livestock Risk Protection (LRP):

Swine Underwriting Rules [Z]. United States Department of Agriculture.

Risk Management Agency. 2012. Livestock Gross Margin For Swine Insurance Policy Underwriting Rules [Z]. United States Department of Agriculture.

RMA. Livestock Gross Margin (LGM) handbook of 2004 and succeding crop years. http://www.rma.usda.gov/ handbooks/20000/2004/04_ 20020_ lgm_ handbook. pdf

Rothsehild M and Stiglitz J. Equilibrium in Competitive Insurance Markets: An Essay on the.

Roumasset. 1976. Rice and risk: Decision Making Among Low Income Farmers. North Holland, Amsterdam.

Schreiner M. 2001. Replicating Microfinance in the United States [J]. Opportunities and Challenges, 5: 9-16.

Serra and Goodwin. 2003. Modeling Changes in the U. S. Demand for Crop Insurance During the 1990s [J]. Agricultural Finance Review, 63: 109-125.

Smith VH, Baquet AE. 2002. The Demand for Multiple Peril Crop Insurance: Evidence from Montana Wheat Farms [J]. American Journal of Agricultural Economics, 78 (1): 189-201.

Smith VH, Goodwin BK. 1996. Crop Insurance, Moral Hazard, and Agricultural Chemical Use [J]. American Journal of Agricultural Economics, 78 (2): 428-438.

Vandeveer ML. 2001. Demand for area crop insurance among litchi producers in northern Vietnam [J]. Agricultural Economics, 26 (2): 173-184.

Wang H, Hanson SD, Myers RJ and Bleak JR. 1998. The Effects of Crop Yield lnsuranee Designs on Farmer Participation and welfare [J]. American Journal of Agrieultural Economies, 80: 806-820.

Western livestock price insuance program of Canada. http://

www. wlpip. ca/about.

Wright BD and Hewitt JD. 1990. All Risk Crop Insurance: Lessons From Theoty and Experience [M]. GianniniFoundation, Califormia Agieultural Expenriment Station, Beekeley, April.